U0925862

与世同流，但不合污

趋利时代，如何做一个精神贵族？

国馆 / 著

中国出版集团
现代出版社

图书在版编目（CIP）数据

与世同流，但不合污 / 国馆著．— 北京：现代出版社, 2017.1
ISBN 978-7-5143-5663-2

Ⅰ. ①与… Ⅱ. ①国… Ⅲ. ①成功心理 – 通俗读物
Ⅳ. ①B848.4-49

中国版本图书馆CIP数据核字（2017）第047477号

与世同流，但不合污

作　　者　国　馆
责任编辑　李　鹏
出版发行　现代出版社
通讯地址　北京市安定门外安华里504号
邮政编码　100011
电　　话　010-64267325 64245264（传真）
网　　址　www.1980xd.com
电子邮箱　xiandai@vip.sina.com
印　　刷　北京玥实印刷有限公司
开　　本　880mm×1230mm 1/32
印　　张　9
版　　次　2017年5月第1版　2017年5月第1次印刷
书　　号　ISBN 978-7-5143-5663-2
定　　价　39.80元

目录 | CATALOG

做人，赢在格局，输在计较

有些人处理小问题有条不紊，但遇到大事就手忙脚乱，甚至越做越乱。说到底，不是没有处理的能力，也许是格局小。

格局，是遇事时表现出来的良好心态和品质。《格言联璧》中提及："处难处之事愈宜宽，处难处之人愈宜厚，处至急之事愈宜缓，处至大之事愈宜平，处疑难之际愈宜无意。"

处难处之事愈宜宽

处理棘手的事，宜宽。"宽"指的是心态，放宽身心，勇于接纳事情的好坏；事情越棘手，越该宽容接纳。

塞翁失马，讲的就是这个道理：一天，老人的马跑到胡人那里去了，人们安慰他，老人很平静："这怎么不是福气呢？"后来，那马竟带一群骏马回来，众人前来贺喜，老人说："这怎么不是灾祸呢？"

家有好马，老人儿子爱骑，一次骑马时他从马上摔下折了大腿。

众人前来安慰，老人说：“这怎么不是福气呢？” 过了一年，胡人进攻，身体健全的男子从军，大多战死。老人的儿子因为瘸腿，免了从军，性命得以保全。

遇事难有圆满，因此不必处处计较，而是在看到事情不好的一面的同时，也要领悟到好的一面。有得有失，有失有得，无须动气。

处难处之人愈宜厚

有时我们难以理解一些人的选择，觉得他们难以相处。其实这世上，没有绝对难处之人，更多的时候是价值观不同罢了。

因此，和感觉难处的人相处，宜厚。许多人认为，“厚”是慈和厚道，但更深一层的意思，是尊重。在不触及底线的前提下，尊重对方的行为举止，不以个人的意志强加干涉。做到这点，即便两个人价值观不同，也能自在相处。

处至急之事愈宜缓

尹和靖云：“莫大之祸，皆起于须臾之不能忍，不可不慎。”说的是，再大的灾祸，都是片刻间的不能忍受造成的。《弟子规》也说，“事勿忙，忙多错”。事情已经很紧急了，倘若处理的人又不能定下心来，无疑会愈搅愈乱。

越是紧急的事，越应该缓和周到。办事全在圆融周密，思虑深远；匆忙仓促难免疏漏，反而增加事情的难度。如果心浮气躁，固执己见，急于求成，往往只会败事。紧急的事，要慢慢做。

处至大之事愈宜平

做重大的事情，心态要平稳。越是重大的事情、重要的关头，越要平心静气，有举重若轻的胆魄和实力。

雅典奥运会前，杨威说：“我们有实力，只要在比赛中把心态放平稳就行了。”但男团突如其来的失败，打乱了计划，使他背负重大的心理压力；以致比赛时，意外地从单杠上摔了下来。2006年世锦赛，看起来更加沉稳的他，用一个冠军宣告了自己的归来。

杨威的胜利，是技术的胜利，更是心态的胜利。他学会在重要的关头，把心态放平稳，最后成功地展现自己的实力。

处疑难之际愈宜无意

在团体合作当中，会遇到困难和疑惑，甚至有人在你面前讨论他人的是非。这时宜“无意”，不要放在心上，不要对人有成见。

《三国演义》里，曹操是个疑心很重的人。当时他逃难到吕伯奢家，听到庄后有磨刀声，就怀疑人家要加害自己，不问青红皂白，提剑而入，一连杀死八人。一直杀到厨房，发现被捆着的大肥猪，才晓得错杀了好人。他的疑心，还常常误杀人才，失去人心。

宽、厚、缓、平、无意，这些就是处世的格局，强调的是气度和胸怀。所谓有容德乃大，有忍事乃济。有了格局，再棘手的难题，也不怕处理不好。

如何化解人生四大难题？

人的一生，总要面对很多难题。

没钱的时候，要想着赚钱。钱赚够了，要想着怎样保存好。工作越来越多，担子越来越重，要想着怎样减轻自己的负担。

《小窗幽记》有言："以俭胜贫，贫忘；以施代侈，侈化；以省去累，累消；以逆炼心，心定。"解决难题没有一劳永逸的方法，只能见招拆招，灵活处理。

贫乏之时，懂得开源节流

贫乏有两层含义。

第一层含义就是没钱。没钱不是错。没钱的原因有很多，时运不佳、命途多舛等。但没钱了还大手大脚地花钱就是自作孽。没钱的时候要开源节流，也就没什么好解释的了。

第二层含义是精神贫乏。举个例子，无聊时不知道该干什么，就是精神贫乏的象征。对于有的人来说，无聊时不知道该干吗不是一件难题。不亦悲夫。

解决精神困境，首先要俭，就是少说话、少发表意见，以避絮絮叨叨之祸。接着就是“开源”，赶紧多读点书，找出一两个兴趣，培育自己的精神家园。

奢侈之时，懂得布施积福

可以奢侈的时候，当然要“诗酒趁年华”。于是，朋友圈炫富，成了我们这个社会的病态象征。他们甚至没有认识到这是个问题。

著名影星李连杰曾经说过：“捐出去的钱，才是自己的。”这就是一种良性的财富观。在满足了自己日常生活需求以后，多想想旁人的不足，尽力援助，舍出去的是财物，得回来的是福气。

佛教里面的布施，不仅有财布施，还有无畏布施、法布施。现实点说，无畏，是战胜生活艰难的勇气；法，是成就人生的法门。如果能将生活正能量传授给他人，“授之以渔”，那么这种福气就比单纯布施钱财要大得多。

积累之时，懂得化繁就简

上班时工作堆积如山，逢年过节要走访亲戚，同学聚会推杯换盏，刷刷微信、微博看看别人晒的幸福。这样的生活，有时想想都觉得心累。

人生并不一定要占有很多东西，有时候给自己做减法，也是一种丰富。郑板桥曾题写一副对联：“删繁就简三秋树，领异标新二月花。”三秋之树，枝叶脱落，倒显得更挺拔。经过这一番删减，来年的花才能吸足养分，适时绽放，独树一帜。

人并不是不能删减，只是欲望太多，难以割舍。“世人都说神仙好，只有功名忘不了。”这不能不说是人生的悲剧。

心烦之时，懂得逆流而上

其实人生的难题，在于我们心态有没有摆正。心烦气躁，应该是人生最大的难题。

但反过来想：气定神闲之人，又有多少？心烦气躁之时，正是我们可以奋发向上之际。现代大修行者南怀瑾先生曾说过：“真正的修行是红尘炼心。面对境界历事炼性，对人炼心。”有缺点、有困境，才能让人不断反省自己的执着，去掉我执。

我们说人生有四大难题，其实难题何止有四大？生活就像一个不断解题的过程，不过有时我们解得出，有时却解不出。

解不解得出都好，在不断尝试和纠正中体验快乐与痛苦，这就是人生。

混俗即是藏身，安心即是适境

辩证法是个有趣的方法论。中国古代很早就有了。

比如我们最熟悉的《道德经》：“有无相生，难易相成，长短相形，高下相倾，音声相和，前后相随。”这都是事物之间的变化规则。

从这种事物之间的辩证法延伸开来，于是就有了行为上的辩证法。有时候要达到某种目的，用直接的手段不容易达到；反其道而行之，或许能有一线生机。《小窗幽记》里面就写道：“善默即是能语，用晦即是处明，混俗即是藏身，安心即是适境。”这就是辩证的规律。

善默即是能语

对着高明的人，如果要表现自己有智慧，说两句就行了。但许多人偏偏喜欢长篇大论，结果越说越错。保持缄默，有时反而成了最出众的“口才”。

保持缄默最出名的人物，莫过于钱钟书先生。因为他的字就叫“默存”。可是谁都知道，钱先生的口才一流。从少年时代开始成名，他就一路高歌、纵论古今，也因此遭人妒忌。“文革＂期间的历次运动，他却懂得用沉默去应对。无论谁来叫他出版书籍、发表意见，“他只是微笑，总不点头”。结果在时代的凄风冷雨之中，他和妻子得以渡过难关。

熬过“文革”的钱钟书，重新出书、演讲，寻得了晚年难得的安谧。沉默的人，比爱说话的人说话的时间更长，也说出了更多的话。世事就是这么奇妙。

用晦即是处明

“用晦”出自《易经·明夷卦》：“君子以莅众，用晦而明。”人要想像太阳一样放出光热，先要隐藏、培育自己的能量。换个词语来说，这叫“韬光养晦”。

“韬光养晦，有所作为”的外交方针让中国受益匪浅，近年来中国的实力稳步攀升，成立亚投行、发展“一带一路”，都让中国在国际上大放异彩。

“藏明于内，乃得明也；显明于外，巧所辟也。”中国人的处世智慧，正在于此。

混俗即是藏身

小隐隐于林，中隐隐于市，大隐隐于朝。最高明的隐藏，是与世同流，却不合污。

传说中国最有智慧的人叫东方朔，而东方朔最大的智慧，在于能够隐身于朝廷。没事的时候，他会跟汉武帝说说笑话，混个眼熟；与大臣们相亲相爱，人畜无害。结果汉武帝身边的大臣一批又一批地换掉了，他还安然无恙。等到发生大事，比如谏建上林苑，他又显得一身正气。最后他也算得到了善终。

混俗的目的是要让人觉得自己不外如是，这样才算安全。然而莲花出淤泥而不染，真正大雅之士，从来都不怕任何污秽。

安心即是适境

人世间一切问题，其实都可以归结于心与境的关系：是追求心安，还是追求外在环境的舒适，几乎成了决定生命质量的分水岭。

但正如一句俗语所说："你无法改变世界，那么你就改变自己。"世界这么大，看都看不完；看好自己的心，才是人生快乐的根源。《华严经》里说："应观法界性，一切唯心造。"青青翠竹皆是法身，郁郁黄花无非般若。

在心安者看来，这世界云淡风轻，逍遥自在；在心乱者看来，却是山穷水尽，前路茫茫。

所谓善默，所谓用晦，所谓混俗，所谓心安，归根结底，都是以静制动。一静到底，可以存身，可以养心，可以功成。那就是辩证的人生。

闭门取静，闭口得静，闭心自静

《文中子》有言："上士闭心，中士闭口，下士闭门。"那么"士"为何意？在古代指的是士人阶级，也泛指知识分子；而从现代意义看来，"士"可指普罗大众，一切有生命、有思想的人。

从下士至上士，从闭门到闭心，是指人的思想行动从客观到主观改变，亦指一段心境递进的过程。从字面看来，就好比人为了寻求安静，有人只能选择关门关窗，以减弱环境噪音；而有人却能静坐不动，心静自然周遭静。

辩证看来，下中上士其实并没有好坏优劣之分，彼此间都是为了寻求内心的宁静与愉悦，减少来自各方面的浮躁与不安。

下士闭门，随缘即变

“下士闭门”，意为需要一扇可以为内心摒除嘈杂浮躁的“门”，这扇“门”可以是惬意地去一次竹林独处，感受自然外物的美好安宁；或静听一曲舒缓的音乐，把浮躁埋没；或与三两好友下盘棋、品壶酒，畅叙旧情……这些都属于“闭门”之举，以外物之静而达到内心“不乱”。

佛家说：万般诸象皆虚幻。对于世上一切可以迷惑人的心境之物，当以平常心看待，莫让其闯进心门，扰乱了自己的生活，而“下士闭门”，可谓最直接简易的取静之举。

中士闭口，谨言慎行

好言者，是非多。谨言慎行，适时闭口，也是取静通途之一。

《菜根谭》有言：“十语九中，未必称奇，一语不中，则愆尤骈集；十谋九成，未必归功，一谋不成，则訾议丛兴。君子所以宁默毋躁，宁拙毋巧。”心有如泰山之稳重者，从不人前人后侃侃而谈，更不会议论他人是非，他们善于观察事物、认真倾听，毕竟成为一个善于倾听的好听众比成为一个言辞畅快的演说家简单。慎言者多心智安宁、处世不惊，生活自然也是闲庭看花，怡然自得。

“言多必失”是每个时代都不会褪色的箴言，试问又有多少烦恼浮躁不是从口而出的？

上士闭心，随缘不变

修心之道，此为最佳。这并不是一种超然的状态存在，更多的是人能够以强大的自制力来控制自己。在投身于事业和学习中都能达到心无旁骛、专心致志的状态，因而多能大业有成。

“存乎一心”的高度，如庄子所言：“唯止能止众止。”在这越是浮躁喧嚣的世界里越能保持内心的宁静，到底还是离不开内心的极致静笃。

面对欲壑纵横、人浮于事的现状，人总得为自己闭门、闭口或闭心。不乱于心，方能将最真纯的快乐尽收心底。

凡事，留不尽之意则机圆

莫言说：“世界上的事情，最忌讳的就是个十全十美，你看那天上的月亮，一旦圆满了，马上就要亏厌；树上的果子，一旦熟透了，马上就要坠落。凡事总要稍留欠缺，才能持恒。”

人生也如月圆月缺在不断交替，难以完全圆满。但这也是一种福气。路走尽了，难避绝处；留不尽之意，有另一番风景。

《小窗幽记》有言："凡事，留不尽之意则机圆；凡情，留不尽之意则味深；凡言，留不尽之意则致远；凡兴，留不尽之意则趣多。"这就有说不尽的个中三昧。

凡事，留不尽之意则机圆

做事留不尽之意，就是要当胡适所批评过的"差不多先生"吗？非也。

"差不多先生"，在态度上差不多就行，做事却是马虎苟且。"留不尽之意"，在态度上却是尽心尽力，只是在手段上讲究变通，留绵绵不尽的余地。

留不尽者所得之"机"，是生机的"机"。凡事尽善尽美之人，方能领略"不尽之意"的哲学。就如李嘉诚先生所说："不把事情做绝，这样才有人愿意合作。"君子内方外圆，讲究的就是这种左右逢源。

凡情，留不尽之意则味深

家国情，友情，爱情……，人生之情，触目皆是。

中国人的感情传达，从来都是含蓄委婉的。家国之情，是"醉里挑灯看剑"的勤恳；那沙场征战的凌云壮志，化作梦中铁马冰河的广漠。兄弟之情，是"遍插茱萸少一人"的落寞；相互扶持的手足，不需要高谈阔论，只是在最需要的时候嘘寒问暖。男女之情，是"衣带渐宽终不悔"的相思；浓得化不开的深情，只能凭栏望远，摔在"草色烟光”之外。

一刹那的热烈表达，不乏肤浅的认识。而永恒情感的意味，永远都在欲说还休。

凡言，留不尽之意则致远

人类的言论，大致分为两类：一类是经，先秦诸子、四书五经、佛经，大多言简意赅。一类是论，用于解释经典，需要繁杂的推理辩驳，不免卷帙浩繁，二十四史、四书章句集注，都属于此类。

《老子》论说大道，只有区区五千言。《心经》直指人心，只需要二百六十个字。禅宗见性成佛，甚至不立文字、教外别传。可是经典中的不尽之意，却延绵流长，传诵千年。

凡兴，留不尽之意则趣多

人的兴味，往往短暂。钱钟书说：“人在高兴的时候，活得太快。”因此快乐之可贵，正在于它是“快”的。

正因为兴味太快过去，所以人要懂得为自己留不尽之意。或许我们可以学学晋代的王子猷。他想去拜访好朋友，劳师动众地夜乘小舟来到人家门口，居然连门都没敲就掉头走人了。人问其故，他说：“乘兴而行，兴尽而返。哪里需要见什么好朋友？”王子猷很聪明，对于他来说，兴味只在拜访朋友的过程。过程结束了，见不到朋友，下次再来呗！

有趣。不仅王子猷有趣，读者如千年后的我们，也觉得趣味盎然。

处世之道，最忌走极端。极端之人，钻牛角尖，锱铢必较，容易失去生活的乐趣。

留不尽之意，享不尽之风流，正是生活的滋味。

怀一颗好心，却做了坏事，这是恶吗？

一个穷得揭不开锅的儿子，虽一心一意照顾年老的父母，但始终没有让父母过上富裕的生活，这是孝吗？有人一生行善无数，却一时贪念起做了坏事，这是恶吗？

世事纷扰，人愈成长，接触的善恶越多。面对这些善恶交错的人和事，一时竟也难以定论，不禁疑惑：善恶究竟如何界定？

百善孝为先，论心不论迹

百善孝为先，论心不论迹，论迹贫家无孝子 。力不足以供养父母，但有孝心，能尽力让父母过得不那么难受，这就是孝。

每一个善举，皆是如此。评断善的，不是结果，是内心；不是外在，是内心。每个人的能力大小不同，可以实现的善举也不同。若是怀有一颗善心，无论境遇如何窘迫，都不妨碍我们成为一个善良的人。但若动机不纯，哪怕善事做得再大，也难以称其为善。

万恶淫为首，论迹不论心

万恶淫为首，论迹不论心，论心世上无完人。色欲是人之本性，再怎样存天理灭人欲，难免一时半会儿稍有松懈。只要不行差踏错，就不是恶，无罪。

与善举不同，衡量恶行的，是结果，是形迹。因此，法律允许人的内心有触犯的想法，但只要没有付诸行动，就不为恶。而一旦行为越界，那就触犯了法律，会遭受惩罚。

历九九八十一难

《西游记》里，唐僧是金蝉子转世，也要历九九八十一难，方能修成正果。其间的每一次劫难，是不断认识自己的修炼过程。佛法里说，放下屠刀，立地成佛。“放下”的过程，其实也是逐一戒掉心中不好的念头，逐步走向善的过程。

因此我们出现过恶念并不可怕，也不可耻，把恶念当成修行里的劫难，每度一关，就认识自己多一些，摒弃的恶也多一些，离善道就更近一些。这般，当我们回首过往，就不会因瑕疵而耿耿于怀。而是以之自省，在修善的道路上再前进一步。

为善，要持之以恒，一点一滴地积累，方有功德；为恶，要有放下屠刀的决心，回头是岸。正如先人的警言：勿以恶小而为之，勿以善小而不为。做到这两点，便可称得上修善之人了。

鬼谷子的说话之道

一言以兴邦，一言以丧邦。说者无心，听者有意。事情的成败得失，很多时候取决于说话之人能否在适当的场合说出适当的话。

语言艺术的重要性，不单体现在外交场合，更多地体现在我们的日常交往之中。懂得说话的人，左右逢源，不冒犯任何人，是人人都想结交的朋友。

两千多年前，鬼谷子已经总结出一套说话之道，供人借鉴："与智者言依于博，与博者言依于辨（通"辩"），与辨者言依于要，与贵者言依于势，与富者言依于高，与贫者言依于利，与贱者言依于谦，与勇者言依于敢。"

与智者言依于博

智者，见识之高、才学之深，恐怕不是常人可比。与智者说话，最可贵的态度首先是缄默。听智者说话，学习他们的深刻，方为正途。不得已一定要说，则以问为主。为了显示对方的水平，还应该问各种各样的问题。这就是“依于博”的真实含义。

智者千虑，必有一失。有时我们还可以在天南地北的交谈中，发现智者的漏洞，补充其才学的缺失。如此必定能令智者引为挚友。

与博者言依于辨

博者与智者的分别，在于后者有思维的深度，而前者是知识的广度。

因此，与广博之人交谈，应该与他们积极论辩，反复跟他们就同一个问题钻研下去，直至找出对方思维的误区。这不是钻牛角尖，而是共同提高。

与辨者言依于要

“辩者”，是好辩论之人。《庄子·齐物论》曰：“大辩不言。”真正的辩论本来是不说话，让对方自己体悟。但内心未能形成自己的“道”的人，往往就会炫耀自己的见解。而这样的人的见解，往往杂多纷乱、茫无头绪。

因此与辩者言，必须要学会总结对方的要点，不要被他带着游花园，浪费时间。

与贵者言依于势

贵者，指的是有地位、有权力的人。这样的人往往有势。所谓“势”，是指他们的影响力，以及由影响力而来的一种威势。见到这样的人，一般人往往就先自怯懦了，连话都不敢说。

这时就得靠自己身上的气势。这种气势与地位无关，要坚信人人平等，对自己有信心，不卑不亢，这样才能得贵人看重。

与富者言依于高

富者是说有钱人。有钱的人往往交游广泛，听过各式各样的话。因此他们都有一种进取的心理，渴望站得更高、看得更远，如此方能赚得更多。

因此与有钱人说话，不妨高谈阔论，甚至天马行空，迭出创意，也许他们可以从你的话中，敏锐地嗅出时代未来的趋势。

与贫者言依于利

贫者，顾名思义就是贫苦的人。与贫苦的人说话应该落到实处，多谈谈让他们能够获利的实际方法，聊聊家长里短，即可获得慰藉人心的作用。

但也应注意“君子爱财，取之有道”，不可因为贫者急需而唆使他们铤而走险，如此只能得不偿失，令贫者陷入恶性循环的困局中。

与贱者言依于谦

贱者，指的是地位低下的人。其实贱者有许多都是怀才不遇者。因此，与他们说话要懂得谦虚，待人真诚，发掘其所长。一旦对方将来得势，这就是一种潜在的人脉。

与勇者言依于敢

勇即勇敢也。世人常谓不打不相识。与勇者说话，千万不要表现懦弱，该出口时就出口，有一说一，有二说二，往往能得到勇者的敬佩和尊重。

由此,言为心声。要想自己的语言能够“博”“要”“高”“谦”“敢”，首先自己为人处世就要做到这样的品质。说话之道并不是见人说人话，见鬼说鬼话。它要求一个圆融的人能因时制宜、因地制宜，以说话润滑人际关系。

现代社会崇尚和平，言语交锋成为展示才华的重要手段。要纯熟完满地说话，不易做到；但只要时时注意斟酌字句，总有一天，你也会成为一个会说话的人。

我们该把什么传给儿女？

现在全国上下都在谈精神文明教育，而所谓的精神文明教育之根，则在于传承。此时，也许每一个家庭都应该去思考：到底我们该把什么传给后代？

中国人自古以来都讲究“齐家”，而家训作为规范和传承家族精神的载体，代代相传，对家族后世更是起着无可替代的警示作用。

文人吕坤曾在《孝睦房训辞》中说道："传家两字，曰读与耕。兴家两字，曰俭与勤。安家两字，曰让与忍。"从传家到安家，谨记六字则足矣。

传家二字：曰读与耕

古人的生活环境自然比不得如今，那时"民以食为天"，除了寒窗苦读考取功名外，唯有身体力行，耕种安身。

在现代人看来，读与耕的意义更见重要。读，乃为好学之精神，知识未必能改变命运，但知识一定就是力量，往往一个书香世家，除了生活的富裕，更能有精神的富足。

耕，乃为事事躬行。俗话说"光说不练假把戏"，人决不能因慵懒而废事。如今，家境的优渥让更多的后辈难以体会到前人的筚路蓝缕，一切困难在他们眼里被弱化、淡化，也导致这些年轻人在真正遇到困难时不知所措，从而在一次失败的打击下便一蹶不振。

教育其不忘求知，凡事躬身亲行，才能使其受益终生，恩泽万世。

兴家二字：曰俭与勤

唐朝著名诗人李商隐曾在《咏史》中道出了他对家庭、社会最深刻的思考："历览前贤国与家，成由勤俭破由奢。"兴家之道，不离勤俭二字。

为什么清代中兴名臣曾国藩的后代从未出过败家子？其中的重要原因便在于领会了这“勤俭”二字的奥妙。这位朝廷的绝对权臣，就连买棵白菜、剃次头发都要精打细算，并记录于账本之中，他对子孙后代的教导，更是求俭去奢。

古人说：天道酬勤。苦心人，天不负，回报与努力是成正比的。“勤劳乃兴家之本”，在曾国藩的眼里，勤字当先，方能壮大家业。

安家二字：曰让与忍

欲要家庭相安，无论从外部还是内部说起，让、忍二字皆为根本。让，为谦让。东晋名士葛洪曾说：“劳谦虚己，则附之者众。”家族之安，当不能与他人有过多争执，而是处处谦让，方能赢得人心与尊重，因而自然家安。

忍，为容忍。中国人向来追求“海纳百川”的气概，这对于化解一切矛盾，无疑也是最有力的。《隋唐嘉话》中有这样一个故事：唐代宰相娄师德问其弟：“怎样居高位而不遭人妒，从而保全自己，达到孝敬父母的目的呢？”弟弟说：“从今以后，就是有人把口水吐在我的脸上，我也不敢有怨言，我就把口水默默地擦掉算了。”娄师德听了后语重心长地说：“人家朝你吐口水，就是对你发怒，如果你把口水擦了，就表示你厌恶人家、对抗人家、顶撞人家，这无异于火上浇油。不如不擦掉它，让口水自己干掉，并用笑脸来承受这一切。”

在更多时候看来，忍让并非怯懦，更是一种明哲保身而安家的智慧。

耕、读、勤、俭、忍、让，六个看似平凡的字眼，其实它所传承的精神往往是最不平凡的。欲使后代受益终身，这六个字就够了。

什么事最让人后悔？

钱没了，可以努力再赚；动怒了，可以静心消气。但后悔了，拿什么来拯救自己？

世上没有后悔药，比起坦荡无畏的不悔心态，如履薄冰、防止心生悔恨显然更重要。

“官行私曲，失时悔。富不俭用，贫时悔。艺不少学，过时悔。见事不学，用时悔。醉发狂言，醒时悔。安不将息，病时悔。”出自北宋名相寇准的《六悔铭》，其意为事事不要等到了被拆穿的尴尬境地才后悔当初没做好，谨慎行事，三思后行，才能最大限度地避免后悔事发生。

官行私曲，失时悔

无论是古代还是现代，不以权谋私、清正廉明，是对为官者的基本要求。

然而纵观古今，多有位高者爱摆权弄术，谋取不当利益，当东窗事发时，等待的不过是身败名裂的悲哀下场罢了。

富不俭用，贫时悔

人总爱活在别人的眼光里，做任何事都图一个排场、门面，但骄纵挥霍后，很快便会落入进退维谷的困境。拳王泰森，通过自身努力拥有了千万美元的家产，是一个普通人至少工作一辈子才能拥有的。但他生活异常奢靡，最终却以无力偿还两千多万美元欠债而申请破产，成了一个落魄子弟。

“黄金本无种，出自勤俭家”，真正的富有，在于勤俭的作风，否则，富不俭用，则贫时必悔。

艺不少学，过时悔

“书到用时方恨少”，真正需要用到某些知识时，才发现自己的才华学识完全无法撑起自己的野心，只能留下“老大徒伤悲”的无奈。

人生在世，贵在勤学和学以致用，不要等到真正遇到难题而无力解决时，才不停地悔恨自己当初不上进。

见事不学，用时悔

正所谓“世事洞明皆学问，人情练达即文章”，为人处世，是人一生都在学习的学问。然而，这些学问的特殊性在于它源于社会，社会就是一本教科书。

逢事留心，洞悉学习，只会让人生更成熟，而惧怕、无视的人，每当遇到棘手的难题就只能着急后悔了。

醉发狂言，醒时悔

俗话说“酒后见真性”，酒醉误事的麻烦往往让人悔之不及。即使有良好的社交口才，酒后也免不了失态、失言。酒作为社交的必需品，也是许多友谊的润滑剂，相对于不喝醉，如何守住自己的本分才是让人感到棘手的。

然而，不应自诩海量而逞雄一时，应该适可而止。

安不将息，病时悔

人的一生总会经历或大或小的病痛，但生病之苦，难免让人心生焦思。

很多时候人为了计较名利而日夜操劳，给自己的身体背上了沉重的负担，健康的隐患就成了必然，然而此时如何悔恨，都是枉然。不要等到生病了才懂得节制，应该时时警醒自己劳逸结合。

当然，生活中的一些悔事也是一时判断失误造成的，真正把人生棋局参透而步步为营的人还是少数，因而不妨以《六悔铭》为基本参照，在这六种情况下不做后悔之事，也不失为快意人生。

每个人心里，都住着这三种人

儒释道，最能代表中国的三大教义，从古贯穿至今，世人的良好心态无不得益于此。

然而，时代在发展，世人再也不能固守一方，能将儒释道的精神合而为一为己所用者，方能算是智勇兼备。

佛家：世事拿得起放得下

《金刚经》有云："名相非真相"，这是佛家的世界观，这世界如同梦幻泡影，那些你苦苦追求得到的，都是短暂的，终将失去。对世人而言，欲不可过重，看清名利，凡事皆能拿起放下。

金庸《天龙八部》里的段誉，生为大理王子，家境优渥，自小熟读百家诸经，但其人仁念重，是一个不杀生、和事佬的江湖形象。虽不是出家人，却有着出家的佛子情怀，在得知他执着追求到的美人竟是自己的亲妹妹时，他倒像是得道高僧那般叹出一句："为这场相思，到头来终究归于泡影，愿化身为尘。”不觉然间说出了道家那“相濡以沫，不如相忘于江湖”的情怀。

儒家：有担当的济世情怀

儒家孔孟之道，在乎仁爱、忠诚、责任担当以及维护伦理秩序。这种特性相加，便是中华民族特有的济世情怀。儒生段誉最终也只能做一个劝架的和事老，却不像他的结拜兄弟萧峰那样，可谓真正做到了一位儒家风范的担当。

萧峰成就非凡，先是天下第一大帮丐帮帮主，后又成为大辽国王义弟南院大王。在民族矛盾尖锐的大宋王朝，他的两国身世命运注定了他是一个悲剧。但悲剧也可以是壮烈的：萧峰选择了杀身成仁，牺牲自我换取了两国和平。

纵是小说家言，今人也许没这么伟大，也不需要这么伟大。但每一个渺小的个体，都可以拥有儒家的这种济世情怀，就算是为身边有需要的人帮一把手，也不失为大侠风范。

道家：不狭隘偏颇的大气

段誉的释然、萧峰的凛然，自然少不了另一主角——虚竹的超然。

道家认为，生命的本质就是一场自由的旅行，没有束缚，要以超然的心态去生存。虚竹，以佛门弟子的身份开始去坦然接受一切，不争不求，随遇而安。他先是误打误撞解开了珍珑棋局获得无崖子的内力，后又深得天山童姥的武学真传，成了道家灵鹫宫掌门，最终还成为西夏驸马。

这看似幸运，实是人的心境所造。“你若盛开，蝴蝶自来”，该来的还是会来，甚至带着惊喜而来，唯一的要求是内心得保持洒脱，不狭隘，不偏颇。

回头看来，段誉，实际为儒生，却具有佛子情怀；虚竹，生于佛家，却做了道家掌门人；乔峰，非佛非道，却合儒家济世情怀。

一位外国学者说：“一个中国人的心里，都隐藏着一个儒者，一个佛教徒，还有一个强盗。”正如每个中国人心里都有一个乔峰、段誉和虚竹，有担当、拿得起、放得下，懂得如何逍遥大气，到哪儿都能随遇而安。

人生减省一分，便超脱一分

现代人生活忙碌，目的无非是为自己、为家庭争取更多的利益。随着人年龄增长，获得的东西多了，有时候反而觉得沉重，不及以前生活不好时来得轻松愉快。

因此，现在提倡给自己做减法，减掉不必要的负累，使生活重归洒脱自在。然而在哪些方面做减法，现代人却觉得莫衷一是。其实古人早已给我们提供了智慧。《四本堂座右编》有言:“人生减省一分，便超脱一分。如交游减便免纷扰，言语减便寡愆尤，思虑减则精神不耗，聪明减则混沌可完。”

交游减则免纷忧

现代社会的标志是发达的通信网络。闲暇时候，人们喜欢跟朋友闲聊，刷微信、微博催生出“低头一族”。然而，当真正出现困难的时候，朋友圈里的人有多少个是真正帮得上手的呢?

古人云:“人生得一知己，足矣。”说明了交友之难。知己并不是在手机里闲谈几句就能得来的，两个人需要长时间的交心、碰撞，才能知道对方的脾性。朋友多的人，多的其实只是纷扰:谁家的狗咬了谁家的猫，今天谁去哪里买衣服又被坑了……知道这些鸡零狗碎的事情，难道就是交朋友的意义?

得一两知心朋友，有闲的时候叙叙家常，危急的时候伸伸援手，虽然清淡，庶几可矣。

言语减便寡愆尤

文明社会讲究动口不动手。看见不顺己意的事，人们忍不住会出口纠正，有时甚至语带讽刺，这都是人的本性。然而祸从口出，容易伤及对方的感情，轻则令对方心生不忿，重则出口还击，挑起风波。

这说明，言语过多，也是罪过之源(愆尤即是“罪过”之意)。看到不好的事，不是不说，而是精要地说、客观地说，尽量避免加进自己的主观意见，更不能被情绪所控制，疯狂发飙。如果两个人起争执了，一方主动少说，以沉默化解戾气，也是一种消除矛盾的大智慧。

思虑减则精神不耗

人在社会打拼久了，容易失眠、焦虑，产生种种精神问题。其根源，其实都在于思虑过多，尤其是思考不必要的事情，那些还没到来的事：明年会不会升职加薪？儿女会不会考不上大学？老了会不会百病缠身？诸如此类，都导致自己精神涣散，无法集中。

人所能把握的只是现在的事情，昨日之日不可留，未来之日不可追，何不专注于当下，集中心神解决手上的问题呢？把眼前的落花扫干净，才能看清未来要走的路。

聪明减则混沌可完

有时候事情做不好，人们会觉得是自己不聪明、没方法。其实很多时候出现问题，并不是因为不聪明，恰恰是因为太聪明。面对利益，人们用尽方法争抢，甚至头破血流，最后抢回来的比自己失去的还要多。

庄子讲过一个故事：有一个神叫混沌，虽然没有五官，但正因此他免去了许多凡尘滋扰，待人谦厚，生活愉快。但有一天他的两个朋友自作聪明，在他身体上凿出了五官七窍，希望他多感受外界的热闹。可是七窍凿完以后，混沌也死了。

现代人所说的混沌，并不是浑浑噩噩度日子，而是减少自以为是的小聪明，凡事看开一点，毕竟生活已经如此艰难，有些事情该看开的还是要看开。

人的生命和生活本来可以很简单，只是由于追求的东西过多，才使得我们的身心如挣扎在泥泞中，想拔都拔不出来。选择适合自己的方法，把一些多余的追求简省一点，未尝不是一种生命的丰盈。

有缘即往无缘去，一任清风送白云

佛教我们要随缘。为什么要随缘？因为随缘，你就自在。

很多人误解随缘为得过且过、放任自流，但事实上，随缘是面对世事的随缘，内心亦要修行。随缘是顺着因缘具足处去，而不是随着心中生灭的欲望去。

随缘自适，烦忧自去。随缘，是智者的行为，而不是愚者的借口。

随遇

星云大师曾讲过一个小故事，东寺僧人和西寺僧人相见，东寺僧人问西寺僧人："你要去哪里啊？"西寺僧人要去买菜，却答："风往哪里吹，我就去哪里。"

西寺僧人的这个回答，就是“随遇”，虽然要去买菜，但是可能走了一半下雨，也可能走到一半发现没带钱，诸行无常，一切都有可能，最终靠什么呢？靠缘分。

随遇而安，是一份对世事人情的练达。以入世的态度去耕耘，以出世的态度去收获。

随性

又有小和尚播种的故事。风吹来，许多种子便被吹走了，小和尚急了，师傅却说：“没关系，被风吹走的多半是空的，撒下去也不会发芽。随性！”

随遇是随外在的缘，随性随的是内在的缘。我们有时候说“人在江湖，身不由己”，但也有人出淤泥而不染，常怀一颗赤子之心，不违背本心，是为随性。

随性，不是放任自己的习气、放纵自己的欲望，而是跟随自己的天性，发挥自己的所长，凡事随心、随情、随理，用本能的智慧去领悟，便识得有事随缘皆有禅味。

随缘

何谓缘？

缘乃指世间万事万物皆有相遇、相随、相乐的可能性。有可能即为有缘，无可能即为无缘。缘分不可捉摸，喜缘、人缘、福缘、机缘、财缘、善缘、恶缘……不下千种。

随缘，是尽人事，听天命。我们跟随了内心的缘，也把握了外在的缘，通情达理，事理相融，如此，便算尽了人事。

接下来的，交给天命，求而得之，我之所喜；求而不得，我亦无忧。

随喜

随缘而喜，是季羡林所推崇的人生哲学。

天地萌生万物，对生命赋予惊人的力量，一花一树，一只猫，一个路人，一场雨……都是因缘而生，随缘，才能对于一切的际遇，全无成见，认真对待。

我们常说：有缘千里来相会，无缘对面不相识。归结起来就是“珍惜”二字，能够随缘的人，也必定是“惜缘”“惜物”之人。

有缘即往，人生得意须尽欢；无缘则去，一任清风送白云。随缘一世，一世随缘，心中总是会拥有一份平静和喜乐。

欲成大事业，先破心中贼

学业不成，事业失败，有人将其归罪于周围环境的影响，仿佛只要换个客观环境，改造了外界条件，就能水到渠成地走向圆满的人生。但是，如果问题出在自身，一味挑剔外部环境也于事无补。

《鉴心录》中有言：“奋始怠终，修业之贼也；缓前急后，应事之贼也；躁心浮气，蓄德之贼也；疾言厉色，处众之贼也。”我们日防夜防，处处挑剔，却偏偏选择逃避我们的内心。也许只有当我们把心中的“贼”破掉，问题才能釜底抽薪地解决掉。

奋始怠终，修业之贼

学业、事业与家业的成就，无不需要从一而终的韧力。

可是正如《诗经》所言：“靡不有初，鲜克有终。”在修业的终点还能维持初心的人，本来就很少。在修业之初，人们缺乏经验，总是壮志满怀，在理想的照耀下勇敢地踏出开头的几步。但随着修业的精进，遇到的细节问题越多，各种实际的困难层出不穷，让人应接不暇、手足无措。这其实就是缺乏做事手段的体现。

如果不能正视困难，及时调整策略，则很容易改弦更张，放弃已经走过的路。但不能善始善终的人，即使换到其他方向也终难成气候。可见“奋始怠终”之“贼”，戕害了多少有志之士。

缓前急后，应事之贼

许多人之所以虎头蛇尾，是没有找准做事方法。做事的方法，最忌缓前急后。

缓前急后，就是在做事之前慢条斯理、东拉西扯、不做准备，到真正做事时才临急抱佛脚，胡乱匆忙。说到底，这其实是一种心态的懈怠。

明代吕坤曾经说过：“闲中不放过，忙时有受用。”在事情还没开始的时候未雨绸缪，学会看清事物之间千丝万缕的联系，不放过小细节，才能在事情真正忙碌起来的时候游刃有余。

躁心浮气，蓄德之贼

缓前急后的根源，在于心浮气躁。躁心浮气，不仅令事情做不成，而且容易戕害自己的道德修养。

一个人浮躁，影响的也许只是一个人。但浮躁再扩大开去，就形成了现代社会的压抑氛围。企业浮躁，急于牟利，于是就产生了毒奶粉、毒鸡蛋、地沟油、豆腐渣工程等一系列严重问题。于是，躁心浮气产生的道德问题，就扩大为法律问题、环境问题，最后是整个人类的生存问题。

社会由个人组成，假如每个人都能够少一分浮躁气，社会的道德氛围就能有所好转。

疾言厉色，处众之贼

浮躁之人，容易对人疾言厉色。因为心不静，所以他们对人也多颐指气使，一旦抓住别人的小小错误，就大做文章，甚至破口大骂。这当然不是处众之法。

疾言厉色之人，在旁人的眼中犹如君临天下，没人敢得罪。所以这样的人仿佛有一种威严，但只懂疾言厉色的人，本质上来说只是修为不足的人。他们就像只装一半的水壶，自鸣得意，不懂反思。久而久之，身边的人都看透了这一点，他还能有什么知心朋友呢？

严于律己，宽以待人，从来都是正当的处众之道。

若要事毕功成，很多时候都不在事本身，而在于做事的人。奋始怠终、缓前急后、躁心浮气、疾言厉色，该是多少人跨不过去的坎呢？

“破山中贼易，破心中贼难。”修业、应事、蓄德、处众之难，可想而知。但人之可贵，也正在于能够迎难而上。

人生痛苦的根源是什么？

每每谈到欲望，多数人将其与拜金、物质联系起来，从而一味地批判它为恶果，力主消灭人欲。其实，有欲望并没有错，错只在于嗜欲过深。

我们看看自己，身体在不断老去，思想和意识瞬息万变，欲望却从未停歇。有人欲望强大，患得患失，终变得虚伪、虚荣、贪婪……也有人将强大的欲望转换成了动力，从而在自己的事业中大获全胜，在登峰造极后便立刻冷静下来，开始做一些有意义的事。

“其嗜欲深者，其天机浅”出自《庄子·大宗师》，意为如果一个人的欲望过多，他就缺少智慧与灵性。反之，平衡好自己的欲望，生活便会拥有更多感悟、更多温暖。

嗜欲深者，天机浅

“凡外重者内拙。”庄子的这句话，似乎早已看透了资深的嗜欲者。

假设在一个赌局里，以砖头瓦块为筹码，胆大者牌技高超，大出大入；若以黄金白银为筹码，就连拿着牌时手都不禁颤抖，发挥失常。

这种人过于看重外在的表现，从而造成了内心的扭曲，变得紧张、迷茫，甚至失去理智。曾有新闻报道说一小伙子为了买新上市的苹果手机而找黑中介卖肾。这实在令人胆寒，毫无“天机”可言，贪欲的力量已紧紧地攫住了他的内心，使他丧心病狂。

嗜欲过深，是一块心病。不以物喜，少一点物质的欲望；不以己悲，少一些名利的强求，内心便会云淡风轻。

嗜欲浅者，天机深

“倚天照海花无数，流水山高心自知”，读懂曾国藩的这两句诗，才能对毛泽东评价曾国藩的那句“愚于近人，独服曾文正”感同身受。

那时太平天国起义势力正盛，大清危在旦夕，曾国藩临危受命，带着四十万湘勇精锐，成功地解除了大清的危机。而此时坐拥中国东南半壁江山的他，本可听其弟曾国荃之言，挥师北上，取代清廷，可他摇头不语，提笔写下这句诗，表明心迹。

欲海无边，知足是岸。曾国藩的内心欲望，只能成就他，却毁不了他。由此看来，天机深厚，非独在天，亦在人为。

如何平衡嗜欲之心

嗜欲深者，表现有二：其一是热衷世务，其二是固执己见。

所谓热衷世务，即在为人处世中一切以自身利益为先、为原则，喜爱斤斤计较，之前所拥有的人情通通覆盖上世故味。“干大事而惜身，见小利而忘命，非英雄也。”真正拥有丰满人格的人，总是敢为人先，趋义避利。

固执己见者，对待任何事，往往只考虑自己的利益而忽略事态的真实发展情况。就好比一项工程，甲乙意见不一，并非双方各有高见，实际是不同的方案直接影响到各自的利益获取。

“惟江上之清风，与山间之明月，耳得之而为声，目遇之而成色，取之无禁，用之不竭。”苏学士的这份情怀，正是现代人所欠缺的，欲望是不可能消去的，若把欲望用在一些无关名利的地方，生活定能多一分阳光的温暖、清风的惬意。

淡泊，是一味良药

说到淡泊，人们总想到清苦的生活，其实，淡泊，不仅是一种生活，更是一种心境，会让你在纷扰的世界里走得更远。

《菜根谭》里有一句话，说富贵子弟，往往不如贫寒之士坚守忠诚；身处庙堂的人，遇事不如山野之夫应对自如。这是为什么呢？因为“浓艳损志，淡泊全真”。

前半句话放在今日或许有失偏颇，但无论什么时代，沉浸于追名逐利的人，往往容易被名利所困；守持初心的人，却可在平淡里觅得自由。

平淡对得失，冷眼看繁华

淡泊，并不是反对追求名利，而是即使身处名利场，依然保持自我，坦坦荡荡，从从容容。

周国平说得好：淡泊，是属于我的当仁不让；不属于我的，千金难动其心。

这种淡泊之心，要从年少就开始培养，古人相信“少年富贵大不幸”，无非是觉得富贵消磨斗志。该奋发时不怠惰，该坚持时不失守。

多一分清醒的心智和从容的步伐，得意时不张狂，失意时不失落，不献媚不趋从，才能不改初心，走得更远。

人生减省一分，便超脱一分

或许有人认为淡泊之心并不是人生的必须，其实非也。世上最痛苦的事，莫过于求不得，一个不懂淡泊的人，想必深受其扰。

一个无法忍受淡泊的人，人生一定有许多时刻难以忍受，因为盛宴会散场，热闹会沉默，家业盛大如曹雪芹，也要在绳床瓦灶中忍耐淡泊、认识淡泊，留下一部《红楼梦》。

有个比喻说，人生如背篓捡石，得到的越多，承重也就越多。这些石头我们终归要放下，为何不早些放下一些呢？人生，减省一分，便超脱一分，更早明白淡泊的好，更早体味人生的真味。

此中有真味，欲辨已忘言

人生的真味是什么？

我们要明白人生真正需要的东西其实并不多：鹪鹩巢于深林，不过一枝；偃鼠饮河，不过满腹。淡泊是卧一张床，不过三尺；吃一顿饭，不过数两。

陶渊明归隐后做了农夫，早晨种豆归来，写“衣沾不足惜，但使愿无违”，什么愿呢？淡泊无忧之愿。

淡泊的心不会落于空寂，空寂是争利之人的失落，当我们不执着于外物，才能有内在的超越。

忘纷华，然后甘淡泊

我们都明白淡泊的好，大多数时候却不能不争。

天下熙熙，皆为利来天下攘攘，皆为利往。可是也正因为如此，我们才奢谈淡泊。

纷华本身无可非议，只是沉迷于纷华的人需要警惕，淡泊未必可以为你带来很多，但一定可以给你滋养。

等到有一天我们能欣赏浓烈，也甘于平淡，才算真正达到了境界。

人生最高的追求，是不求

生命是一个不断追求的过程。因此，人很难说出这样的话：“我不求什么。”

可是打拼久了，世情却越来越洞明：有心栽花花不开，无心插柳柳成荫。追求太过猛烈，处处都是障碍；不求，反而能享得片刻安宁。

明代高僧蕅益大师传下了《十不求行》（也称《十无碍行》），就是要告诫我们：不求，反而能扫清追求的障碍，成为人最高的追求。《十不求行》中，有七条对现代人的意义尤为重要。

念身不求无病

蕅益大师认为：“身无病则贪欲乃生。”无病无痛容易使人放松警惕，挥霍身体能量。相反，病痛恰恰能提供给我们一个反省的契机：

以前的生活方式是不是有问题？“以病苦为良药”，真正的养生才能开始。

究心不求无障

“心无障则所学躐等。”“躐等”就是僭越序列，不按部就班的意思。人生活得越久，各种陋习积累越多。修心养性，只能一步一个脚印，层层通关。妄求一步达到心无挂碍，很多时候只不过是在逃避现实。

谋事不求易成

“事易成则志存轻慢。”成功来得太容易，往往使人轻飘飘而不知进取。做事太顺利，与其说是上天在眷顾，不如说是命运在设套。“中年危机”的很大部分原因都来源于此。还不如一开始千难万难、吃一堑长千智来得痛快踏实。

交情不求益我

“情益我则亏失道义。”朋友不可用来占便宜，而要珍惜。最好的人脉，不是攀附别人，而是互相扶持。“六波罗蜜”告诉我们，对朋友要多“布施”：布施财为下，布施勇为中，布施法为上。布施，就是共同促进、共同提高。

于人不求顺适

“人顺适则内必自矜。”朋友之间，尚且不能要求一切尽如己意，何况与陌生人相处？以为所有人都要对己友好，这种想法相当幼稚。“世上没有无缘无故的爱”，要求顺适于人，自己也必先顺适别人。

见利不求沾分

“利沾分则痴心必动。”凡所获利，必求均沾，是斤斤计较的愚痴之人。适当让出一些利益，维持团队协作，所能得到的是利益关系的长期存在。这就是“以疏利为富贵”。况且如果是自己居首功，所获得的名声和地位，岂不比单纯的物质利益要大？这时更加不用锱铢必较。

被抑不求申明

被人打压，“不求申明”不是一味容忍；如果损害到切身利益则必须挺身捍卫。但是如果是被误会而遭非议、谩骂，则大可不必再逞口舌之辩。息事宁人，以退为进，公道自在人心。

不求并非指不做一事，是不求事事如意，而选择最难做的事。正如澫益大师在《十无碍行》的跋言中说：“佛祖圣贤，未有不以逆境为大炉鞴者。美玉不琢不成器，顽金不煅不致精，钟不击不鸣，刀不磨不利。”

吃苦并不愚蠢。苦吃多了，其他滋味也自然变得甘甜了。

我生本无乡，心安是归处

心或许是世界上最复杂的东西，琢磨不透飘忽不定，如风中烛焰，我们要如何把握风中的烛火呢？

人生一世，草本一秋，谁都想活得幸福。什么是福？

宋代无门和尚有诗云："春有百花秋有月，夏有凉风冬有雪。若无闲事挂心头，便是人间好时节。"

圣人之道毕竟孤独，对于普通人来说，这福那福，归根结底心灵的安宁才是真正的福祉。但人心难免浮躁，忧虑从不断绝，心，何以自安呢？

今天，且与你看看这个"将心来，与汝安"的安心之法。

心安则世间事变得无可厚非

"人生不满百，常怀千岁忧"，不止你我如此，高僧亦不能免俗。

这天，禅宗二祖慧可就向达摩祖师询问安心之道，结果达摩祖师给他一个当头棒喝："将心来，与汝安！"意思是说让慧可把心拿来，达摩祖师来替他安。

心当然没办法拿出来，慧可却也有慧根，当即悟道，既然那颗烦忧的心本不存在，那么哪里还需要安呢?

后来慧可传扬佛法，经常出入酒楼赌场、烟花之地，有人指责他作为出家人，不应该出入这些场所，慧可答:“我是给自己调心，和你有什么相干?”

我们虽然没有二祖的境界，但流言蜚语大可忽略，无能为力之事大可放下，不可预见之事大可随缘。心安则世间事变得无可厚非。

将心安心，不若养心

曾国藩说:“自修之道，莫难于养心。”一个“养”字，暗藏玄机。

曾有人专注于排除杂念，一心空虚，反而适得其反。明代思想家罗汝芳就是这样一个例子，他闭关在家乡的临田寺，天天对着水镜，想让心和水镜同一，结果不但没有消除杂念，还患上了神经衰弱。

后来他看到颜山农“急救心火”的榜文，才终于明白，安心，不是强制克制欲望，而在于体味仁道。

能体味亲友之情，才能内心有温度;能体味四季变换，才能内心有春色。要以这些露水供养人心的枯木，才能使枯木逢春，感受内心的安宁。

我生本无乡，心安是归处

在历史上，苏轼是出了名的能苦中作乐的人。他一生仕途坎坷，流离在黄州、惠州、儋州……

大半生流放生涯，却流传下来许多他吃红烧肉、写打油诗的趣事，更无须说他那些达观自在的诗词了。他写过这样一首词：

万里归来年愈少，微笑，笑时犹带岭梅香。

试问岭南应不好？却道，此心安处是吾乡。

世上真正放达的人，往往都是这些熬过苦难的人。既然许多事不可改变，不如安于当下。对于苏轼来说，远离了官网的争斗未必不是好事，起码看尽了山与水。

人生一世，囿于一时的名利，最后不过成为他人的笑谈。唯有安心于当下的人，尽力体悟当下之乐，让每一刻都不曾白活。

与世同流，但不合污

陶渊明在官场上混不下去了，撂下一句：“误落尘网中，一去三十年。”飘飘然就去了钟南山种菊花。

“孤高傲世携谁隐，一样花开为底迟。”这种菊花的隐逸精神，现代人可学不来，其实也没必要学。人是社会动物，融入群体是人的本能。

《幽梦续影》里说："孤洁以骇俗，不如和平以谐俗；啸傲以玩世，不如恭敬以陶世；高峻以拒物，不如宽厚以容物。"可以说为现代人的合群提供了依据。

和平谐俗，何须孤洁

"俗"并不一定就是低下，在非政治的场合下，更加不代表邪恶。能融入普通大众，与俗相谐，是一种大智慧。

最典型的例子是中国近代画坛的两个极端——黄宾虹和齐白石。黄宾虹出身正统，受尽诗书礼教的熏陶，其山水画大开大合之间挥洒着士大夫的精神，别说一般人，就连专业画家都很难懂。反观齐白石，从木匠出身，而能独创一种俗人的艺术，将白菜、小鸡、小虾等日常事物统统融入画中。结果，两个人都能开创一代画风，领时代风骚。

孤高骇俗者，通常都是天才。就是一般的人，若能谐俗以吸取智慧，未必就不能成为人才。

恭敬陶世，何须啸傲

孤洁之人，不喜欢与世俗来往。而啸傲之人，玩世不恭，是另一种人：他们将自己看得高高在上，而其他人都只堪把玩在他们手上。有权有势的人中，这样的人也不少。

所谓陶世，是指以自己的品格影响世人、陶冶人心。虽然精神上比别人稍高一筹，但他们始终是恭敬谨慎的。《庄子·逍遥游》里这样描述陶世之人：他们"磅礴万物以为一"，齐物而观，融入世道之中而"物莫之伤"。这样的人，"其尘垢秕穅将犹陶铸尧舜者也"，他们的一言一行，都足以为世所法。

即便没有优越的物质条件，陶世之人本质上来说都堪称精神贵族。

宽厚容物，何须高峻

许多自称“精神贵族”的人，大多鄙薄物质享受。他们高傲地拒绝物质腐蚀，在精神的领域翩翩起舞，结果大多都饿晕了头。

孔子也说过:“君子爱财，取之有道。”人并不一定要多少物质享受，但如果连一点物质追求都没有，就像活在真空之中，生命也就失去依靠。

高峻拒物，可敬而不可学；宽厚容物，可爱而可操作。

世事洞明皆学问，人情练达即文章。大雅来源于大俗。不懂得俗中的处世智慧，骄慢自重，才是真正的俗。

千年第一世家，因何培养出钱钟书、钱学森这样的名人

旧时王谢堂前燕，飞入寻常百姓家。历史的风沙掩埋了无数帝王将相，中国的皇室贵胄大多已烟消云散。无论是大汉刘姓、大唐

李姓，还是大宋赵姓，过去的贵姓今日都化为了普通百姓。

吴越钱氏，却能翻越千年往事，传承至今，名人辈出，成为大江南北乃至寰球内外一个至今显赫的姓氏。

钱氏先祖钱镠传下的丰功伟业，不是那“俱往矣”的权钱厚禄，而是鞭策子孙的《钱氏家训》。

为天地立心，行圣贤大道

《钱氏家训》开篇第一训即云：“心术不可得罪于天地，言行皆当无愧于圣贤。”简而言之，是要子孙立志高远，乃至继承天地圣贤的大道。

开国之钱镠、归宋之钱弘俶乃是践行此训最佳的典范。

五代十国，天下纷扰。钱镠不忍见生灵涂炭，于是起于草莽，平定乱军，建国吴越，令一方安定。他自知吴越国并非正朔，遂终其一生从未称帝。宋太祖赵匡胤扫平北方以后，钱镠之孙钱弘俶主动“纳土归宋”，不以一姓之私利戕害地方百姓，从而保存了吴越的太平繁荣。就连苏东坡也赞曰：“其民至于老死不识兵革，四时嬉游，歌舞之声相闻，至于今不废。其有德于斯民甚厚。”

近代以来，钱氏迭出为国为民的英杰。其人高迈的气概、超拔的骨气，于斯可见其源。

信守大原则，讲究活手段

《钱氏家训》以立志第一，其后便是临事手段的训诫：“持躬不可不谨严。处事不可不决断。花繁柳密处拨得开，方见手段。风狂雨骤时立得定，才是脚跟。”

高高山顶立，看的是境界；深深海底行，靠的是脚跟。对事接物既信守原则，又不失变通，方能实现自己的理想。钱学森归国之时，不理美国军方万般阻挠，执意离去，结果被当局拘留。后来他将求救信写在香烟纸上，混在寄到比利时的信里，再辗转交到了周恩来手里，最后才顺利回国。

归国，是钱学森持躬坚守的原则；求救，是他灵活应变的处事手段。世事花繁叶茂，往往遮蔽人的眼光，抬起手来，施些手段，方能顺利地往下走。

读书知根底，蓄德福报厚

江山王座，始终有易手的一天；唯有诗书礼教，可以传家久远。《钱氏家训》紧接着便提出了读书之要：“读经传则根柢深，看史鉴则议论伟。能文章则称述多，蓄道德则福报厚。”

刚曰读经，柔曰读史。四书五经是中华文化的根源。在心情浮躁、高傲自满的时候，读一读《论语》《老子》《庄子》等书，能够平和心境。在心情郁闷之时，读一读历朝史书，能够知古通今，践尝古人的做法以破解自己的难题。

钱氏一门，国学大师辈出，钱基博、钱钟书、钱穆等都是彪炳史册的大学者。在他们看来，功名利禄皆不足以挂身。究天地之理，通古今之变，尽人性之道，才是安身立命的根本。

世人皆道吴越钱氏之繁盛，皆因其基因优越，得天独厚。其实优越基因能传之千年的话，不如说是由于其优良家风所致。《钱氏家训》已经不是一族的私藏物，今天它已经变成了中华民族的整体瑰宝。理解其精神，发扬其精粹，也许你也可以繁衍出另一个“千年世家”。

天大地大，不如心大

天地很大，社会更大。在纷纭复杂的社会网络中，人容易迷失方向，不知所措。这都是因为人的眼睛只会朝外看，永远被外物所吸引。

但是，如果你愿意将目光朝向自己，也许你将会发现：天大地大，还不如自己的心大。《西山群仙会真记》中有言：“大其心，容天下之物；虚其心，受天下之善；平其心，论天下之事；潜其心，观天下之理；定其心，应天下之变。”这不失为引导世人积极处世的法门。

大其心，容天下之物

天下之事何止千万，称心如意几家能够？但人免不了以自己的偏好多番拣择：遇到合心则喜，遇到违心则怒。结果往往被现实摧折得遍体鳞伤。

人都说弥勒佛:“大肚能容，容天下难容之事。”肚量即心量。人之所以也能心量如海，是因为心中众生平等，该得到的始终会得到。

先大其心以接纳各方反馈，等于为自己将来的成就备足资粮，功德无量也。

虚其心，受天下之善

如果占有物质太多，人容易嚣张跋扈；反之，如果环境不能满足自己的要求，人往往心生嗔恨，有时甚至出口伤人。这都是傲气使然。

“虚心七窍通”。虚心应物之人，将自己的姿态放在次位，如同太极中的推手，应对方之来势而做出变化，不伤人不伤己。这样的人自然大有人缘，能学习各家之所长，迅速壮大自己。

唯有虚其心胸，方能容纳天下一切善处。

平其心，论天下之事

每个人都有自己的价值标准，而人都倾向于用自己的尺子去量别人。“此亦一是非，彼亦一是非”，以是非之心断是非，只能是非不断。

因此，庄子的《齐物论》显得别有现代价值。齐物而论，即是要端平心态，分析客观因素，摒除主观意愿。

平心论事之目的，找出客观真相倒在其次，最重要的是能在反复议论中令自己拥有足够的分辨能力。

潜其心，观天下之理

事物呈现在人面前的是表象。心浮气躁之人，对表象只会走马观花。要想探寻事物的本质、天下之至理，非潜下心思不可。

杜甫《曲江二首》云:“细推物理须行乐。”世事变化之道理，不细推不可得。没有敢坐十年冷板凳的决意，不可能在任何领域有精深成就。2016 年新年期间，外太空引力波的发现刷爆了朋友圈。在举世狂欢的热闹下，是科学家们一百年来对着冷寂太空的潜心搜索。

潜得越深，方能观得旁人所不能见的风景。

定其心，应天下之变

天下大小事变幻无穷，令人头晕眼花。

《易经》之“易”有三意: 简易、变易和不易。世事变易，但自有其不易的真理，就如“道”“一”“太极”等概念阐释的一样。人也能不易，如不易之道德标准，不易之理想和志向。这就形成了人的定心: 世界虐我千百遍，我待世界如初恋。

以定心探寻天下之定理，方堪忍受加诸己身的一切灾难。

天下之大，民无逃于天地之间。可是如果把自己的心也宽限在区区一个天地，则永远也超不出这个世界。

放大自己的心胸，锻炼自己的心智，潜心实现自己的理想，可能有改变世界的效果。

大处难处看能力，小处细处看修养

大处难处看能力，小处细处看修养，一言一行一举一动都要谨慎，亦不论是对外人，或是对家人。

如何与最亲近的人相处，这或许是每一个人都应该静下心仔细思考的问题，而在古人看来，与至亲交往，理应记住《礼记·表记》中的这三点：不失足于人，不失色于人，不失口于人。

不失足于人，慎重举止

“不失足于人”的意思是，在人前应该注意自己的举止仪态，一抬手一投足要有分寸。

“大处难处看能力，小处细处看修养。”无论是在家庭中抑或是在挚友前，每个人的思想状态都是最放松的，也就是在最为自然状态下显露的行为才最能体现一个人的品行。

为人父母者，在生活中应起到榜样作用，孩子在成长中会潜移默化地学习父母或长辈的言谈举止，生活中的细微行为给予下一代的可能是不可估计的影响，这往往比有声教育来得重要、来得深远。

不失色于人，控制情绪

“不失色于人”指的是，喜怒克制于心，不常外露于颜。

家庭中，特别是关系亲密的家人之间，是一个相对安全包容的环境，因此也就养成了对待至亲时存在着放肆性。有些时候，在外面受了委屈或承受一些压力，没有办法发泄出来，只好到家中宣泄，所以总是喜怒形于色，将自己的情绪与脸色不加节制地丢给了家人与知己，理所当然地认为他们应该能理解，必须去包容，却往往忽略了情绪承受者的心情。

孔子说，孝敬亲长最难的是做到“色难”，“色难”难在何处？难在虽有一颗恭敬的心，却难有一个谦和的态度。如今的我们，虽无法做到事事和颜悦色的恭敬之态，但在对待至亲与知己时，懂得控制情绪，不失色于人，才是真正的为人雅量。

不失口于人，先思后语

“不失口于人”，讲的是说话谈吐应考虑听者的感受，懂得换位思考，先思后言。

在古人看来，人生有四件事是一去不回的：出口之言、发出之箭、过去之时、忽略之机。而其中，出口之言是居于首位的。

当人处于压力下，往往忘记了怎么好好说话，也就造成了在情绪的宣泄过程中对亲近的人使用嘲讽、歪曲、夸大、贬低、晦暗等的语言。最后我们的压力得到一定的释放，却对听话者带来了烦恼与不适。如果对方再对伤害进行反击，家庭的冲突就会愈演愈烈，良好的对话氛围就毁在了一时的口不择言上。

人与人的关系，越是亲近，越容易肆无忌惮，越容易发脾气，容易任性与冲动，也就在不经意间造成了互相伤害，然而，可悲的是，有时我们总是想着花大力气、大心思去处理纷繁复杂的各类人际关系，却往往忽略了如何与最亲近的人好好相处。

人生最大的收获是宽恕

宽恕看起来是对别人的大度，细究起来，真正的宽恕其实利人又利己。

宽恕别人，看起来是多么高大上，其实宽恕并不一定需要多高尚的情操。

明代思想家吕坤曾经解释过宽恕之道："取人之直恕其戆；取人之朴恕其愚；取人之介恕其隘；取人之敏恕其疏；取人之辩恕其肆；取人之信恕其拘。所谓人有所长，必有所短也，可因短以见长，不可忌长以摘短。"

取人之直恕其戆

直，是指直率自然，如孩童般不加雕饰，有一说一，有二说二。直率之人，难免会让人有“憨”的感觉，即傻乎乎的，不懂世事。如安徒生童话《皇帝的新装》里的小孩子，别人明明都在拼命替皇帝掩饰，他偏偏要说出皇帝没穿衣服的事实。

但是正因为直率，这样的人倒也可爱。他单刀直入指出你的错误，何不放开怀抱拥抱这样的朋友呢？

取人之朴恕其愚

有的人也许会很愚蠢，不懂生活、不懂工作，凡事都要请教别人。但也正因为如此，这样的人会抱着一种谦卑之心待人做事，更少有算计他人、兴风作浪的时候。

这样的人与其说愚蠢，不如说朴实。苏轼说：“惟愿孩儿愚且鲁，无灾无害到公卿。”就是体会到这种愚鲁朴实的可贵之处。正因为他们对任何人都无害，反而能够得到他人的襄助。

取人之介恕其隘

介，是“耿介”之意。耿介的人，对事容易斤斤计较，因此让人感觉心胸狭隘、格局太小。

但如果反过来想：学习这种耿介的精神，在生活上精打细算，量入为出；在工作中完成任务之时多想几遍，追求精益求精，有何不好？

取人之敏恕其疏

有的人非常聪明，做事很快，但他们可能只想着快速完成任务，而忽略了一些细节，容易造成疏漏。

这时可以学习的，就是他们做事的敏捷。他们可能善于看准问题的关键，迅速判断，当机立断。在很多重要时刻，果断敏捷的判断会成为成败的关键。那么，他们的一些小疏忽其实都无须计较了。

取人之辩恕其肆

辩，指的是能言善辩。有的人很喜欢与人争论，得理不饶人，给人一种很放肆的感觉。

但如果是为了坚持自己的理念、捍卫自己的想法，则这种口舌之辩就变得非常必要。沉默是金，但到了不得不说话的时候，会说话、会辩论也是金。学习他人的辩才，暂时先让他在你面前放肆又何妨？

取人之信恕其拘

有的人让对方感觉很拘谨，因为他处处讲究规则，不容变通。

但这样的人才显得守信义之道。拘谨的人之所以显得不容变通，是因为他心中有道德底线，不肯轻易超越自己的守则。这样的朋友才是让人放心交往的朋友。近朱者赤，近墨者黑。与守信之人相处，自己也可以熏习到守信之道。

世事茫茫，人生匆匆，他人的缺点没有计较的必要，抓紧时间完善自身才是正道。

宽恕他人，体现了自己的仁厚；取其所长，体现了自己的进取。这才是一举两得的好事。

养生长寿，这四个字就够了

家训是中华文明中颇具特色的一种形式，清代家训尤其兴盛。清朝大学士张英的《聪训斋语》中大篇幅提到的精华“致寿之道”，颇能发人深省、令人受益！

曾国藩在《谕纪泽儿》中这样评价《聪训斋语》：“句句皆吾肺腑所欲言。”那么“致寿之道”又暗藏着什么养生玄机呢？

慈，为仁爱

张英在《聪训斋语》中讲述的“致寿之道”有四个方面：慈、俭、和、静。

其中，“慈”为仁爱，即“人能慈心一物，不为一切害人之事，即一言有损于人，亦不轻发，推之戒杀生以惜物命，慎翦伐以养天和，无论冥报不爽，即胸中一段吉祥恺悌之气，自然灾沴不干，而可以长龄矣”。

其大意是不出口伤人，不杀生以爱惜万物的生命，慎砍伐以抚育自然的和气，无论暗地里的报应有没有差失，悲悯之情都会在心中产生吉祥安泰、和乐平易的浩然之气，当然灾祸就不会侵扰，因此就可以健康长寿！

曾子所说“仁以为己任，不亦重乎”，是把实现仁爱当成责任，而实现仁爱的基础在于个人的仁人之心的修养，且“仁者不忧”，故常怀仁爱之心、常存悲悯之情正是一个人的健康心态的体现。

俭，为节省

老子说：“俭故能广。”平时生活节俭平和，不过分追求物欲，生活就能心满意足、安定祥和。另外，节省是广义的，任何事都可以以节省的意义去践行，如饮食吃喝的节省，饭菜七分饱，则能够调理脾胃；欲望嗜好节省能蓄养精神；言辞话语节省能养气息非……凡事省一分便有多一分的受益。

诗人白居易有诗曰：“我有一言君记取，世间自取苦人多。”人的烦恼大多都是自取的，某些事能省下不做就不做，以免操劳苦恼，庸人自扰。简单来说，俭朴单纯的生活才是最美好的。

和，为相安

奔波于名利场的人，有一夜白头的，有茶饭不思、彻夜难眠的，更有极端抑郁自杀的。这一切，不过是心中不和罢了。我们常说和颜悦色，而真正自然流露的和颜，是内心相安才能拥有的。

梁思成经常对人说：白天办理公事，晚上回到家里，必须寻找开心喜乐之事，与客人高谈阔论，开怀大笑，抒发一天劳累郁结之气。这真是得到了养生的要诀呀！内心的平和，在于做到“自寻喜乐”，一阵真诚的喜悦欢笑，才是内心平和的直接体现，由此才能心神相安，长寿健康。

静，为安详

“静”就是要一无挂碍，切戒浮躁，从容镇定，宠辱不惊。“凡遇一切劳顿、忧惶、喜乐、恐惧之事，外则顺以应之，此心凝然不动，如澄潭，如古井”，则一切纷扰自然无所施其害。

《黄帝内经》有言：“静则神藏，躁则消亡。”素有古人早晚静坐半小时，从而达到心神宁静，真气内存而长寿久安。相传武则天总揽朝政五十余年还能一直保持耳聪目明、思路敏捷，这离不开她在感业寺用了三年的时间“盘膝静坐”。

张英总结说，“此四者，于养生之理，极为切实”，是比起“服药导引”更加重要的养生要义。再看现代各种养生保健品泛滥成灾，都不如“慈俭和静”这四字真义的养生之理来得实在，好好参透品味，定能对健康长寿大有裨益。

曾国藩识人术，四十字看懂天下人

国学大师南怀瑾在他的《论语别裁》一书中谈道："有人说，清代中兴名臣曾国藩有十三套学问，流传下来的只有一套《曾国藩家书》。其实流传下来的有两套，另一套是曾国藩看相的学问:《冰鉴》这一部书。"

根据《冰鉴》所述，曾国藩将其相术口诀归纳为以下四十字：邪正看眼鼻，真假看嘴唇；功名看气概，富贵看精神；主意看指爪，风波看脚筋；若要看条理，全在语言中。

那么，我们该如何理解这四十字口诀呢？

邪正看眼鼻，真假看嘴唇

明末清初文学家李渔曾说："察心之邪正，莫妙于观眸子。"然心主神志，一个人的精神状态主要集中在人的两只眼睛里。通常喜斜眼看人的人，多心术不正者；而一个人与人交谈时眼神飘忽不定、躲躲闪闪，这是内心不忠实的潜意识所导致的。

在曾国藩看来，一个人眼斜鼻歪，鼻骨冲犯两眉，则必存有邪念。另外，一个人端庄厚道，必然慎言，此类人多忠实可靠；相反，一些饶舌多嘴、爱搬弄是非之人，则多不可靠，对于这种人说的话则不必多理会，即使说好话，也多为虚情假意。

功名看气概，富贵看精神

一个人有没有功名，曾国藩认为要看人的气概。一个正气凛然之人，让人不禁为其气概所慑服。民国初期的爱国将领范绍增便最好地印证了这一点。他曾放言说：“袍哥人家，认黄认教，绝不拉稀摆带！”就凭这豪侠气概的宣言，也就不难理解区区一个绿林好汉却最终成为雄踞一方的枭雄。

“富贵看精神”，是讲一个人能否善始善终，富贵吉祥，就在于他是否有精气神。曾国藩曾私下跟赵烈文谈话时非常惋惜地说，胡林翼是湘军第一苦命人，虽有非凡的英雄气概，却是一种苦相，经常神色黯然，即精气神不足，所以不能够长久。

主意看指爪，风波看脚筋

曾国藩说：“手心、手掌心当中纹络清晰而浅者，心定。”这个心定就是主意定，临事不慌乱；反之，“手掌纹络浅而乱者，人心乱、心浮”。另外，手指细长细腻指甲明亮的，通常做体力活少、做脑力活较多，因而能有多思、点子多。

至于“风波看脚筋”一句，在他看来，脚筋粗壮凸起的人奔走能力强，孔武有力，执行力强，但闲不住，不喜平静，爱找事做，也就难免易惹风波。

若要看条理，全在语言中

曾国藩将说话有条理视为用人至关重要的一个方面。古人说的“听言”，即看两个人谈话能不能切中要害、条理清晰、把对方抓住，就能显示出有没有条理。

就如庖丁解牛，找到诀窍，理顺筋脉，便能将一头牛清楚利索地解剖好。一个人说话语无伦次、答非所问，便是思路混乱、毫无条理；而有条理的人通常说话都能化繁为简、简易明了。

曾国藩识人术，根据相貌、言语、行动特征来考察一个人的思维和做事方法，从而判断这人的才能大小，以此确定他适合担任什么工作。无论是李鸿章，还是吴汝纶等人，都是他用此法觅来的大材。另外，这与现代意义上的心理学亦能产生相当程度的共鸣，因而尤其值得后世借鉴。

你不是脑力不够，只是不懂未雨绸缪

当我们忙碌起来的时候，觉得事情千难万难。也许凡事未雨绸缪，我们才能左右逢源。

现代社会虽然发达，可是人们的忙碌程度并没有降低。许多人觉得自己脑力不够，不足以应付面对的问题。一旦有时间闲适下来，则由于懒惰的原因，要么只顾着吃喝玩乐，要么只顾着睡大觉。其实忙里偷闲、闹中取静，正是可以有备无患的时候。

《菜根谭》中有言："闲中不放过，忙处有受用；静中不落空，动处有受用；暗中不欺隐，明处有受用。"在闲时静中仍能努力精进，可以补充脑力，为人生增值。

闲中不放过，忙处有受用

"闲"是"忙"之余，是暂时不安排工作的时间。闲时所做之事，并不就是闲事。在休闲的时候不使身心完全懈怠，做一些轻松的小事，在忙碌之时可能有意想不到的惊喜。

东晋时期，名将陶侃主政荆州。他视察战船制造进展，发现地上到处扔着木屑和竹头。他颁布了一道命令，把杂物全部收集起来。大家都不知道有什么用。

后来新年期间，荆州大雪，地面湿滑。陶侃吩咐将旧年收好的木屑拿出来，洒在路上。大家啧啧称奇。

人一忙碌起来，晕头转向。闲时不放过，为的就是要抵御忙碌时的紧张抓狂。

静中不落空，动处有受用

"静"是心理上闲适自然、暂时不需要行动的状态。在安静时适度放空自己，有利于调整情绪；但是不能耽于空想无益之事，应学会驰骋想象力，到行动时果断执行。

齐白石不仅艺术精湛，而且以长寿著称。他总结自己的作画之道、长寿秘诀，就是不耽于空想。他自述每天都必须学习，就是为了让自己能够不断地思考问题。他宁愿不动脑不费神也决不空思，长时间训练后就能下笔有神。

俗语说一动不如一静，而动时能得到多大效益，取决于静时能理出多少头绪。

暗中不欺隐，明处有受用

“暗”指的是自己独处的时候。在自己独处的时候也不要做亏心事，注意反省自己的缺失和不足。

晚清重臣曾国藩修身四法中，“慎独”排在第一位。他在自己的日记中说：“慎独则心安。自修之道，莫难于养心。”慎独最重要的是不欺骗自己的心。他每日记日记，记述自己的缺陷，促进自己道德日进、学问日增。所以后世人都知道他的功业：千古第一完人也。

慎独对人的作用是细微的，如人饮水，冷暖自知。谨慎对待自己内部世界的人，都不会轻易逾越自己的底线。

三军未动，粮草先行。行事都要未雨绸缪。平心而论，人在“闲中”“静中”和“暗中”的时间，实际上不会比在“忙中”“动中”和“明中”的时间要少。

因此，为自己的人生事业做积蓄、做准备的机会有很多。而许多人之所以认为自己没有时间，这就不是客观环境的问题，而是心态的问题。

做哪些事，才能让一生不虚度？

如果只是沉湎于物质生活，被物质所役使，人的一生会变成行尸走肉；要活出不一样的精彩，需要有精神生活的滋润。

人的一生说长不长，说短不短。在孔子看来，人的一生只需要做好四件事就够了。《论语》中说："志于道，据于德，依于仁，游于艺。"短短十二个字，是孔子一生教育、学术思想的总结，是他立身立人的写照。

志于道：确立生命的目标

道是宇宙生命的终极真理，是高远的理想，是现在的人们还无法达到的境界。

因此孔子说人生的第一件事，就在于立志。所谓"取乎上者得其中，取乎中者得其下"，人的立志不妨高远一点，难以达到，这一生才有奋斗的动力。

据于德：找准做事的依据

如果说“志于道”是望向远处的眼光，那么“据于德”就是人生奋斗的底线。人的一生可以无功，但起码不可丧失道德。

古人解说“德”就是“得”,有成果即是德。但为达目的不择手段，所得到的成果也不可久享。为了道德良心，有所为有所不为，才是真正的做事法则。

依于仁：理顺待人的态度

做事要顺利，还应该注意人际关系。南怀瑾先生说：依于仁，是依傍于仁，也就是说道与德如何发挥，在于对人对物有没有爱心。

当然,只是依于仁还不够,还需要依于“仁义礼智信”这“五常”。依于义，是说人不应有害人之心，取之予之，都应合乎义理。依于礼，是说礼多人不怪，唯有礼貌的人才能得到他人的尊重。依于智，是说与人交往注意吸收他人的智慧，自己也不能浪费别人的时间，让双方的交往流于肤浅。依于信，是说人无信不立，唯有以诚待人才能得到他人的厚待。

游于艺：寻求内心的丰盈

游是“遨游”之意。“游于艺”可以回归到“至于道”，因为知识与艺术的目的，正在于探寻宇宙、人生的真相。在现代社会，“天道”大约可以相应于哲学和自然科学，“人道”大约相应于各种人文学科。

简而言之，这是一种精神生活，培养的是一种人文素养。中国台湾作家龙应台曾经讲过：“文学让你看见水里白杨树的倒影；哲学使你在思想的迷宫里认识星星，走出迷宫；历史让你知道，没有一种现象是孤立存在的。”一切精神生活，最终都是为了培养对生命的终极关怀。

志于道而据于德的人，知道人生应该有所追求，但同时遵循内心的守则，不逾越道德的界线。依于仁义礼智信，才能处理好人际关系，左右逢源，到处都有贵人相扶。

除了要搞好人际关系，还要搞好自己与自己的关系，因此要游于艺，培养自己的艺术素养。“游”最初是“遨游”，程度深入之后，变成“游戏”。在艺术中得到游戏般的乐趣，才能真正做到游戏人间。

守得住低处的人

有的人站得很高很高，渴望摘天上的星星，可是永远摘不到；有的人站得很低很低，他们贴近的是大地，却能走得很远。

在现代社会风气之下，仿佛站得越高，能看得更远，获得更多利益。然而，处于低位的人，就一定吃亏吗？

《道德经》说：“居善地，心善渊。”匍匐在地上、据守在深渊的人，往往都是善人。什么是善？《道德经》前面有“上善若水”，水的柔弱即为善。“水善利万物而不争，处众人知所恶，故几于道。”

善处低位，不与人争利

善处低位的人，首先不会头破血流地去争蝇头小利。“天下熙熙，皆为利来；天下攘攘，皆为利往。”人们总是争着涌去能够获利的地方，可是无论再大的蛋糕，人一多，利也就薄了。何必煞费苦心再站上去呢？

古代的范蠡，在帮助勾践复国以后就隐退江湖。他不利用自己在政治上的地位，而选择了当时社会地位不高的商人作为自己后半生的身份。《史记》记载他的经商之道，是“候时转物，逐十一之利”，即采取薄利多销的手段，在专卖商品的过程中让别人多赚，自己则日积月累，细水长流。

善处低位，集各家智慧

不与人争利，并不是不要获利，而是要获得比物质利益更丰厚的报酬。处于低位的人，就是那种渴望不断学习、不断吸取旁人智慧的人。正因为他们知道自己不懂，才不会自高自大、轻薄他人。

试想，一个人如果经常指责别人的错处，专门让人难堪、尴尬，那么，所有身边的人都会乐于看到这样的人衰落，又有谁会自愿帮助他呢？

“心善渊”的意思，是要让自己的心低至深渊、广如深渊，容纳一切可以容纳的思想和知识。

善处低位，扬人生价值

人不断积累经验，总结智慧的目的，是为实现自己真正的价值。“地势坤，君子以厚德载物”，大地告诉我们：要想实现自己生命的价值，很多时候都要能返回自己当初的低位，守护自己的根基，擦拭自己的初心。

当今华语影坛最受瞩目的明星莫过于周星驰，无论做导演还是做演员，他都成为神一样的存在。可是“封神”非他本愿，现在的喜剧之王最常见的穿着是一顶鸭舌帽、一身风衣和一双球鞋。

对于攻击他的所有流言蜚语，他一向的应对方法是：不理。为什么不理？因为这与他的人生理想无关。他说“童话是我的最爱”，他一心一意要做的，只是想让大家相信：“未来是充满期望的。”

善处低位，并不是指现实中的地位低。地位低的人，也有许多是拒绝学习、不可一世的。“处低位”是一种心理状态，是心有理想，而甘愿厕身于简单位置的气度，唯其能守住低位，反而能实现生命的腾飞。

人最难的不是在身处低位时能够心处低位，而是在身处高位时仍然能守得住低位。守住了低位的人，也就守住了生命的厚度。

情商可以通过哪几个方面来提高？

子曰："君子有九思：视思明，听思聪，色思温，貌思恭，言思忠，事思敬，疑思问，忿思难，见得思义。"（《论语·季氏》）

从现代意义的角度看，君子九思的阐述可谓面面俱到，也可以毫不夸张地说，领悟这君子九思之义，是提高个人情商的绝佳方式。

视思明，学会看透事物本质

视思明意为看就要看得明白、看得透。看有三种对象：人，物，事。即看人要看表里，看物要看本末，看事要看始终。

要做到视思明，便要懂得"目不能两视而明"，即看事要懂得集中精力，心无旁骛。另外，要看得更透，就必须学会利用多方面的角度，切勿盲目主观而又片面。

听思聪，学会倾听事物心声

听思聪意为听就要听得明白、听出精义。

郑板桥曾经在衙门休息时听到窗外竹子发出的萧萧之音，他从竹音中听出了门道，并联想到民间的疾苦，认为这竹音不是风吹竹枝竹叶发出的自然声响，倒像是灾难深重的民众发出的喘息之声、疾苦之声。

身为县令的他心系百姓，从自然声响中听出了社会底层的呼声，可谓“听思聪”含义的最好诠释。

色思温，学会保持平和心态

色思温指的是君子要有平和的心态、温润的言语，要做到的心怀宽广，有容乃大。

其实，在日常生活中，我们不难发现：一些过激的言行和明显的表情都能瞬间转变周围的气氛，让场面变得尴尬不堪，为避免引起不必要的麻烦，做人当如谦谦君子，增大自己的气量。

貌思恭，学会举止谦和得体

貌思恭意为容貌谦恭、举止得体。这就如同一块玉石一样，不如炭火那么炽热，不如冰水那么寒冷，温润无瑕，让人相处得舒服。

懂得尊敬他人、谦让他人的人，才能得到他人的认可和尊敬。

言思忠，学会避免心口不一

言思忠意为要懂得什么时候该说话，什么时候该说什么话，不能说违心话。

当然，也要做到言行一致，并对自己说的话负责，常言道：君子一言,驷马难追。而那些阳奉阴违、心口不一的人,只会让人感到厌恶。

事思敬，学会做事认真投入

事思敬即做事要懂得敬业，每一份事业都需要全心全意投入。世上没有随随便便就能做好的事情，只有仔细思考、周密准备、态度认真，才有可能把事情做好。无论大事小事，都要认真对待。

疑思问，学会做事不耻下问

疑思问意为遇到疑惑就要想到发问。子曰:“敏而好学，不耻下问。”这是一种良好的品质，无论是做学问，还是为人处世，都要有不耻下问的精神，只有这样才能更好地解决问题。

忿思难，学会克制不良情绪

忿思难意为要懂得克制自己的情绪，不要躁动。

古往今来懂得忍辱负重的人都是成大事者，究其原因，就在于一个“忍”字，俗话说:“忍小忿，不妄为。”退一步海阔天空，忍得一时，便可换来今后的长久平稳。

见得思义，学会坚守内心道义

见得思义意为在利益面前，要坚守自己的道义。

有的人见利忘义，看见好处便忘了本，甚至牺牲别人的一切来换取自己的利益。君子爱财要取之有道，利字旁边一把刀，不要让利益蒙蔽了双眼，失去了人最根本的道义。

人生千姿百态，做一个面面俱到的人实在不易，当你觉得有所困顿时，不妨看看两千年前孔子留给我们的君子九思，说不定能助你走出窘境或有所顿悟。

中国人的处世智慧，都在这四个字里

抱朴守拙，看似不进取，实则以退为进，是最稳健的进取之道。

中国人的为人处世，从来都有两途：一曰精明，所谓“儒表法里”，以儒家的礼对待人，以法家的刑规范人，是为积极入世的一途；一曰退守，所谓道家精神，谦厚卑下，逆来顺受，是身处失意状态时的万灵药。

鲁迅先生曾说：“中国文化的根底在道家。”许多中国人即使积极入世，心里也藏着个退隐的梦：一朝功成名就，便散发弄扁舟、乘槎浮海去，做个逍遥自在的渔樵隐士，跟子孙说说旧日辉煌，跟故友笑谈古今功业，于愿足矣。

而道家的精神，四字以蔽之：抱朴守拙。明代奇书《菜根谭》有言:“抱朴守拙，涉世之道。”

何谓抱朴

“抱朴”第一次出现，是在《老子》中:“见素抱朴，少私寡欲。”为什么要抱朴？庄子给出了一个美丽的神话: 在天地的中央，有一个主宰者名叫混沌，混沌是没有爱恨情仇的，只知道待人友善。有一天南海和北海的主宰者来找混沌玩，发现混沌虽然友善，但无法感受喜怒哀乐，怪可惜的，于是替他凿了五官、七窍。可是凿了七天，混沌就被他们凿死了。

这个故事相当凄美。“抱朴”，就是要抱住这个初心，抵御外界险恶的遭遇。人的初心就像混沌一样，本来不受外界干扰，天真朴素，纯粹天然。

在庄子的故事中，南海的主宰名叫倏，北海的主宰名叫忽。倏和忽，都是快疾而急于求成的意思。汲汲于实现自己的理想和抱负，只重结果不择手段，甘于被“大跃进”的思想所奴役，往往弃置初心，让人模糊了自己的本来面目。

如何守拙

“抱朴”是一以贯之的道，是本源；“守拙”是屡试不爽的术，是方法。“守拙”最早出自陶渊明《归园田居》:“开荒南野际，守拙归园田。”陶渊明由于要守住自己的初心，不得已退出官场。对于他来说，唯有守拙，可以抱朴。

“抱朴守拙”不等于“抱残守缺”。前者是心中有道，曲线取之；

后者是毫不反思，因循守旧。守拙，是拙在说话、行事与为人。

说话要守拙，即是要讷言。讷言不是不说话，而是少说话。将要说的话，如果没有把握是对的，最好不要说。

现代青年作家蒋方舟曾经写过一个故事：有个记者打电话采访，要她评论一下某诗人的诗。当得知她没读过对方的诗时，记者当即为她念了一首，然后问她怎么看。她只好嗫嚅道："仅凭一首诗，我不知道该怎么看。"

身处一个喧嚣的时代，即使不想说话，很多时候也不得不说话。这时候考验的就是定力。沉默寡言，看似是"拙"，其实也是一种智慧。

行事要守拙，即是要兢兢业业，一步一脚印。近代国学大师梁启超一生所著，煌煌千万言，这么多学问是怎么做出来的呢？他说："这方法是极陈旧的，极笨极麻烦的，然而实在是极必要的。什么方法呢？是抄录或笔记。"看到一本好书就抄一点、记一点，积小成多。这种方法做事绝对快不了，然而欲速则不达，这种"拙"恰恰是最快达到目的的手段。

为人要守拙，就是要行中道。水至清则无鱼，人至察则无友。看到旁人犯错，善意提醒即可，不可大庭广众之下指责对方，令人尴尬难堪。对待自己的错误，不可如强迫症一样，锱铢必较，非得当下解决；分清轻重缓急，分时段改正之即可。错不可不改，但也不能强改，此为中道。有时候这种做法会被人目为糊涂。然而表面糊涂，心里明白，何尝不是一种大智慧？

也许有人会批评：抱朴守拙是不够进取的表现。然而这种“不进取”，恰恰是最进取的人生态度。

人的一生犹如航行在大海之上，时而风平浪静，时而惊涛骇浪。抱朴，就是抓紧生命的舵盘，时刻警醒，不至于误入迷途；守拙，就是张紧风帆，捕捉风势而动。迎风之时，船去得快；逆风之时，船不动就是进步。

这就是中国人的智慧。

王阳明的五大处世之道

王阳明——中国历史上唯一一个没有争议的立德、立功、立言三不朽的圣人。曾国藩曾这样评价他：“王阳明矫正旧风气，开出新风气，功不在禹下。”

他继承了宋代大儒陆九渊的思想，以自己的体悟加以完善，形成了独具一格的“心学”体系，在他看来，人活于世，烦恼苦闷皆由心生，而他提出的处世五法则是引导众人以心之力抵御外界纷扰，重拾中庸、淡然之境。

欲修身，先养心

自古以来，圣人都在为我们讲述一个真理：心为天地万物之主。王阳明也不例外，因而他说出了“其发窍之最精处，是人心一点灵明”的深刻道理，他在《与杨仕德薛尚谦书》一文中写道：“破山中贼易，破心中贼难。”说的正是心力对于人的强大作用。

浮世之中，总有许多人为追求物质享受、社会地位和显赫名声等身外之物而心力交瘁、疲惫不堪。他们怨天尤人，欲逃离其中而不可得，皆因忽略了自己的内心，不明白万事以修心为先的道理。

欲静心，先戒躁

修身养性的最高之境，在于无论面对何事都能不急不焦保持内心的宁静。正如王阳明在《传习录》中提到的：“天地气机，元无一息之停。然有个主宰，故不先不后，不急不缓，虽千变万化而主宰常定，人得此而生。若无主宰，便只是这气奔放，如何不忙？”

忙碌是现代社会中大多数人的一种生活状态。不幸的是，与身体的操劳相伴随而来的，还有内心的忙乱急躁、焦虑不堪。所谓“身之主宰便是心”，倘若在忙碌的生活中不能给内心留一份悠闲，而使其深受烦恼与担忧所累，便更难在为人处世之时做到游刃有余、潇洒自在。

欲去焦，先宽心

“如今于凡忿懥等件，只是个物来顺应，不要着一分心思，便心体廓然大公，得其本体之正了。”这句的意思是：如今，对于愤怒等情绪，只要顺其自然，不过分在意，心体自会廓然大公，而实现本体的中正了。

依王阳明之见，心胸狭隘的人，只会将自己局限在狭小的空间里，郁郁寡欢；而心胸宽广的人，他的世界会比别人更加开阔。

欲心旷，先求简

王阳明所提倡的“心学”在某种程度上与道家所说的“顺其自然”相仿，但相对于老庄的无为之态，王阳明推崇的是“无为之下的有为”，即以退为进大道至简的本真心态。

圣人做学问追求一种“大道至简”的境界。人活一生也应如此。为什么人们会不厌其烦地去追求那些看似风光，实际上令人身心疲惫的“负担”呢？皆因内心少了一种简单的人生态度。与其困在财富、地位与成就的壁垒中迷惘，不如尝试以一颗简单的心，追求一种简单的生活。

欲简泊，先意诚

诚字有以工夫说者。诚是心之本体，求复其本位，便是思诚的工夫。（取自王阳明《传习录》）

在王阳明看来，人的本心就是真，这世上只有两样事，一件为真，一件为假。求真必然务实，求假自然务虚，虚实之间，体现的不仅是对人的态度，更是对自己的认识。糊弄别人容易，糊弄自己很难。

当我们想尽一切方法武装外在的自己时，却往往忽略了御敌最强大的武器其实就藏在每个人的胸膛里。

人这辈子一定要避免的四种错误

在孔子看来，一个人提高自我修养最重要的就是要懂得化解自我执念，而放下我执则应学会这四个“毋”：毋意、毋必、毋固、毋我。

毋意：不主观臆测

毋意，这是说孔子做人处世，很少以自己的主观感受去妄加判定。

每个人都有想象力，而且都乐于与善于依据自己的猜测来定度事理，我们总是想当然地选取有利于自己的一面去说，自动删去不利于自己的内容去听。

对一件事的看法，每个人都不同，十个人会有几十种看法、观点。所谓观点，就是观察的只是一二点，而不是全部全面。可是每个人都认为自己是客观的，人与人之间就有了误会，也就需要沟通。

世人常说：兼听则明，偏听则暗。对正反面的意见都要听，不要先入为主，主观就容易犯错。进一步说，自己曾经坚持的任何看法、观点，也都是相对的、会变化的。

毋必：不绝对肯定

毋必，是指不全盘肯定，坚持一定要如何，不会在别人跟自己意见不一样时，认为我就一定是对的。

孔子并不要求一件事必然要得到怎样的结果。这一点也是人生哲学的修养，天下事没有一个是“必然”的，所谓：吾欲于世，而世未吾之欲。

而在一段时间内、一定范围内，我们可以把握的因素是有限的，有时甚至对自己的身心状态还难以把握好，更不用说把握其他外在因素了。务实的态度、原则，是尽心尽力做好自己能做的，然后可以随缘安心了。

毋固：不固执己见

毋固，是说不要固执己见。我们常犯固执己见的毛病，有时候是认为自己对，有时候是面子问题。

毋固，在于不固守自己的成见。

人的习惯，无论在思想上还是行为处事上，一旦形成后就难以改变，甚至僵化而不知变通，因为每一个人内心都存在着惰性，安于固有的现状能让人感到安全与舒适，但是时代变了趋势变了，如果仍旧一味坚持以前的老做法自然是坐以待毙。

孔子提出“毋固”，就是想告诉众人要懂得变通，要主动跳出舒适但腐朽的温床去不断探索、思考与学习，因为“学则不固”，见多识广后，自然得以避免顽固执着，思维眼界也自然不同于他人。

毋我：不自以为是

毋我，指的是不以自我为中心，懂得推己及人。

一个人在社会上与他人相处来往，稍微获得些成就与赞赏就容易自我膨胀，认为自己超过了别人。

而在孔子看来，儒家对于人我关系首重“恕”字，“如心为恕”就是将心比心，为人设想——“己所不欲，勿施于人”。但凡牵扯到他人的言论都应有谨慎之心，以免盲目自我膨胀而否定别人，给自己和他人带来不必要的困扰。

老子《道德经》中的另一句话“圣人无常心，以百姓心为心”，与“毋意、毋必、毋固、毋我”，也有相通的道理。

真有智慧的人，不论普通人对待自己，还是做领袖带领别人，先把自己的主观放下，把自我放下，内心空灵清净，为人处世时看清自己，看清别人，看清大家的真实心理取向，看清时间空间的因缘；因势利导，导引自己，导引别人，导引事情，导引大家步入正轨正道，使之各得其所，而不是一味地站在主观、自我的立场与自己、与别人、与事情相争。

得意时淡然，失意时坦然

人这一辈子，欢喜过、挫败过、高峰过、低谷过，面对这纷纷扰扰的世界，我们虽无法完全掌控未来的走向，却可以选择一个待人看事的正确态度。

明朝学者崔铣的《听松堂语镜》中有著名的修身养性的“六然训”。他认为人生在世要做到“六然”——自处超然、处人蔼然、有事斩然、无事澄然、得意淡然、失意泰然。

其实，每个人心中都会有自己的“六然训”。这“六然”若能贯通其中之一二，思想就达到很高的境界了，这样的人不但能生活得很好，而且能够担当大任。

自处超然，是心境

一人独处，要有宁静而致远的心态，要有“宠辱不惊，闲看庭前花开花落；去留无意，漫随天外云卷云舒”的意境。

扫事境之尘扰，忘心境之芥蒂。在闲寂之时，要耐得寂寞，排遣孤独，心平气和地干自己想干的事，不浮躁，不敷衍，把时光打发得充实有趣，不让空虚无聊占据心田。自处之时，最需慎独精神。

处人蔼然，是气量

蔼然，就是和蔼。对人和蔼可亲、诚恳、谦和、宽容，使人有亲近之感。既听正言，亦纳逆语。而与人相处则需诚恳平和，使人有亲近感。宽容为怀，气量如海，严于律己，宽以待人。

《菜根谭》中有言："忠恕待人，养德远害。"而对此作者洪英明提出了三点蔼然待人之道：不责人小过，不发人阴私，不念人旧恶。

有事斩然，是智慧

有事斩然则讲求的是人应善于抓机遇，当断则断，不拖泥带水，敢于一锤定音。

当事物繁杂，心烦意乱之时，不能自乱阵脚，既要深思熟虑，又不可优柔寡断；既要有条不紊，又不能过于瞻前顾后，应有"诸葛一生唯谨慎，吕端大事不糊涂"的智慧。

无事澄然，是洒脱

"澄"字形容的是水静而清，也寓意最为洒脱之人的内心应如一汪清泉，澄澈而无大波澜。

无事可干可想的时候，可有"采菊东篱下，悠然见南山"的悠闲？多走向大自然，登临高山，去感觉一下"会当凌绝顶，一览众山小"的气魄；放眼大海，去感受一番烟波浩渺的广阔；漫步郊外，去寻找一下“草色遥看近却无”的清新；抬头望月，去享受一片月色朦胧雁南飞的宁静。

得意淡然，是成熟

老子曰:“淡兮其若海。”志得意满时,万不可骄傲狂妄、得意忘形。对于取得的成绩，别人吹捧时，不能忘乎所以，要淡然处之，万不可有“子系中山狼，得意便猖狂”的蠢行。

于世人而言，在志得意满之时更应崇尚清淡，既不能妄自尊大、目空一切，也不可骄奢浮躁、玩物丧志，要心谦身平，脚踏实地，依然故我，追求不息。

失意泰然，是胸襟

正如司马迁在《报任安书》中所写的:“文王拘而演《周易》，仲尼厄而作《春秋》。”周文王被商纣王关起来后，能在牢里作《周易》一书；孔子在周游列国时，曾在陈蔡两个小国之间遭到围困，但他在这种环境下，依然写出了《春秋》一书。

人生在世，不如意事常八九，失意逆境之中，万不可自暴自弃、甘愿沉沦，而要心境通明，泰然置之，笑对现实，积蓄能量，把握时机，保持心境平和，不因一件失意之事就觉得天塌地陷，要做到无得失之烦心，有自乐之恬愉，泰然面对挫折。

“超然、蔼然、斩然、澄然、淡然、泰然”读起来虽只有十二字，但正所谓大道至简，知易行难，知与行本就是两端，如只了了读后不于生活处事待人中践行，再精的道理也只是空谈罢了。

谈到人生修行，这五点你不可不知

子曰:“知之为知之，不知为不知”。人生在世，离不开一个“知”字。而这一“知”字有两层含义：一是直观求得的知识技能；二是要经过修行历练才能感知的境界，即知足、知止、知时、知命、知度。

第二层含义中的“五知”也许需要我们用一生的时间去修行感悟，但我们每获得一知时，人生的境界便提高了一层。

知足，是摒除浮躁

知足，并不等同于满足。满足多是指物质上的满足，就如小孩想要某个玩具一样，买给了他，他会因为得到了这个玩具而暂时满足，但不用多久，他一定会有下一个想要的玩具。（这并非指责小孩的“贪得无厌”之心，这是孩子的童心所在。）

对于知足，它不仅包含了“满足”的意义，同时它也包含了心灵、精神上的满足。这正是每个人随着年纪的增长而需感知到的。在炫富、攀比、社会功利宣传的大环境之下，人心难免浮躁、存有妄念，这便造就了这种因“得不到”而痛苦的心态。

只有知足，才能使人感到平静与快乐，精神才会富足。

知止，是遏制欲望

有人穷极一生去追求物质名利，他们甚至不惜牺牲一切，不外乎就是为了得到最奢侈最贵的名牌皮包服饰，读最好的名校，吃最滋补的山珍海味……狂奔不止的追求，最终换来的是什么？是羸弱的身躯、消极的意志，还有那份外表光鲜、内心痛苦的虚伪。

人生贵在知止，将欲望遏制住，适时休息，人生方得安稳怡然。

知时，是把握时机

曹操曾在《短歌行》中直抒胸臆：“对酒当歌，人生几何？譬如朝露，去日苦多。”时间一去不复返，机会一来难重逢。只有生活中的智者才能敏锐地捕捉住机会，并顺应时代发展而有一番大作为。

知时者，能清楚看待人生的盛衰荣辱，待到盛极而衰之时，便能甘于平淡、平和。

知命，是量力而行

知命，简单来说，是了解自身，清楚地明白自己的天赋、能力以及所拥有的客观条件。去积极地把握自己，要懂得自己内心的真实需求。南怀瑾大师曾说：“中国文化对于人生最高修养原则是四个字：乐天知命。”人生在世，除了正义、良知之外，切不可以其他心念强求自己。

世事繁杂，只有不苛求自己，量力而行，方能在人生轨道上安稳徐行。

知度，是恰如其分

知度，即做任何事都要适量、适度。冯梦龙的《警世通言》中有这样一句名言："势不可使尽，福不可享尽，便宜不可占尽，聪明不可用尽。"物极必反、盛极则衰，若我们毫不保留地去做一件事，最终的结局也许是过犹不及。

无论是饮食、情绪还是人际交往，都要有一个度，唯有知度，人心才能处于平衡状态。

无论我们位居何职、境遇是凄冷还是优渥，都要清楚地明白：人生本来就是一场修行。

人生在世，就是需要不断地去求知、感知。

诸葛亮"观人七法"教你如何识人

一代谋圣诸葛亮，运筹帷幄，算无遗策，是智慧的神话。无论是在行军打仗，还是处理国政时，他都要起用大量人才，因此，在多年的政治生涯中，他早已发展出一套自己的识人之法。

他在《知人》一文中，正式提出了自己的看法："一曰，问之以是非而观其志；二曰，穷之以辞辩而观其变；三曰，咨之以计谋而观其识；四曰，告之以难而观其勇；五曰，醉之以酒而观其性；六曰，临之以利而观其廉；七曰，期之以事而观其信。"

简而言之，是从对方的"志、变、识、勇、性、廉、信"七大方面全面考察，面面俱到。

问之以是非而观其志

《庄子·齐物论》中有言："彼亦一是非，此亦一是非。"人我彼此，各有是非，对世界的看法总是不一样的。

一个无志之人，要么是一个庸碌的人，要么是一个骑墙的小人。这样的人对世界形不成自己的看法，只能人云亦云，甚至见人说人话，见鬼说鬼话。因此，探问一个人的是非观，可以看出这个人的志向。对是非的态度越强烈，越能看出一个人志向之坚强。

穷之以辞辩而观其变

"变"指的是应变能力。要认识一个人一定要与他多说话，将他逼到词穷的地步，看他如何应对。诸葛亮认为能言善辩者一定头脑灵活、思维敏捷。

内心有坚持的人，辞辩虽繁，但万变不离其宗。而没有底线的小人，虽然说话五花八门，但是言之无物，空洞乏味。

咨之以计谋而观其识

"识"指的是见识。临事对策，可以看出一个人的见识水平。一个人即使心地再好、品格再高，如果不会做事，终究不过是个对社会无害的人。对社会有所贡献的人，一定是能够为改善社会、改善身边环境出谋划策的人。

但我们又应该仔细鉴别哪些人真正是见识不凡，哪些人却只是纸上谈兵。一个人实际历练多了，提出的意见容易切中要害，就叫见识不凡；如果只是书呆子，他们的想法虽然天马行空，但百无一用，那是纸上谈兵。

告之以难而观其勇

遇到困难的事，这正是考验对方勇气的时候。

没有勇气的人，在困难面前怨天尤人，因循守旧不知道如何破解难关。而真正有勇的人，遇事刚柔并济，曲折迂回，迎难而上，往往都可以解决掉难题。

醉之以酒而观其性

人的本性往往藏得很深，这时可以用酒打开对方心扉，使他倾吐内心最真实的自我。

庸俗之人，喝酒以后胡言乱语，甚至耍酒疯，闹得场面尴尬。而能够自我克制的人，有时会在此时流露心底的感慨，或谈理想，或谈挫折。因此识人的伯乐，最应该在酒桌上考察人的品性。

临之以利而观其廉

观察对方面对利益的态度，可以看出他的节操。节操高洁之人，对不义之财决不享用。《孟子》有云：“不义而富且贵，于我如浮云。”不义之财，数额再大，终究逃不过清空的一天。

相反，如果以自己清廉的节操辛苦获利，则利虽小，也是可以久享的。

期之以事而观其信

在拜托对方办事时，还可以由此观察对方能否如约办到。

晁说之有名言：“不信不立，不诚不行。”一个人能否在社会立稳脚跟，就看他能否信守诺言。

如果一个人答应对方的事办不到，他会诚意地向人道歉，有时甚至会推荐能办好事的人。虽然此时他失信了，但反而彰显出他的品质。

现代社会社交网络发达，每个人每天都要面对大量陌生人。因此，虽然诸葛亮的识人之法已经提出了一千多年，但对于现代社会依然意义巨大。

结交好的朋友，任用适当的人才，能使我们的生活和工作大获裨益。

一个人犯了过错，该如何改正？

人非圣人，孰能无过？一个人的境界高低，不在有无过错，而在能否改过。

人总要犯错。不管是不是完美主义者，你总会被别人挑错，也会被自己挑错。年轻的时候，长辈在前，因此被别人挑错的多；年纪渐长，面子越大，所听到的大多是别人的委婉话乃至好话，真话听得不多，此时更加应该注意给自己反省改过的机会。

古语云:“知错能改，善莫大焉。”能改过，是一种至高的善，是最大的美德。《了凡四训》云:“福之将至，观而必先知之矣。祸之将至，观其不善而必先知之矣。今欲获福而远祸，未论行善，先须改过。”改过不仅关乎道德问题，还关乎行事的祸福，岂可等闲视之？

那么,《了凡四训》是怎样教我们改过的呢？

发耻心，见贤思齐

孟子曰:“耻之于人大矣。存之则进于圣贤，失之则入于禽兽。”

羞耻之心，是人之为人的根本。犯过错之后引起我们良心不安的，正是羞耻心。

“吾日三省吾身”，“见贤思齐，见不贤而内自省”，皆源于羞耻之心。

无耻之徒，我们不把他当作正常人看待；只有具备羞耻心的人，才能一步一步走进杰出之士的行列。

发畏心，戒慎恐惧

“勿以善小而不为，勿以恶小而为之”背后的心理因素，就是敬畏之心的作用。

如果说羞耻心告诉我们的是“应该这样做”，那么敬畏心告诉我们的是“必须这样做”。即使我们犯的过错十分微小，但只要它做了出来，必然对社会、对你周边的朋友产生影响。这种影响也许微不足道，但足以减损你在他人心目中的地位。

好口碑需要慢慢积累，坏口碑却能在一瞬间摧毁你辛苦积累的形象。这正是“好事不出门，坏事传千里”的效果。

对自己而言，知小过而不改，则会养成“积非成是”的习惯，久而久之，你会不知不觉地变成你不想成为的那种人，那种蝇营狗苟、得过且过的人。这难道不是一件值得戒慎恐惧的事吗？

发勇心，斩草除根

耻心和畏心，主要作用是引导改过的心理变化；而勇心，则是将改过的决意实现出来的关键。“人不改过，多是因循退缩；吾须愤然振作，不用迟疑，不须等待。”

现代美学家朱光潜说：“朝抵抗力最大的路径走。”改过之路，正是抵抗力最大的路。人的天性有懒惰的部分，也有奋发的部分，要想奋发的部分超过懒惰的部分，需要莫大的勇气。

“天下武功，无坚不破，唯快不破。”要发挥勇心之大作用，就要从速改正，“小者如芒刺在肉，速与抉剔；大者如毒蛇啮指，速与斩除，无丝毫凝滞”。今日事今日毕，今日过今日改，一鼓作气，勇者无敌。

陶渊明《归去来兮辞》中有言：“悟已往之不谏，知来者之可追。实迷途其未远，觉今是而昨非。”我们犯错误，就像走在迷途上一样。知错不改，则在迷途上越走越远；知错能改，猛然醒悟，一切歧路都变成了归家的路。

正视错误，不是妄图挽回不可留的昨日，而是要我们从此走上正确的路，追赶明天。

改过，从心开始。《了凡四训》里说：“何谓从心而改？过有千端，唯心所造；吾心不动，过安从生？”发耻心、畏心、勇心，正是从改正犯错的根源开始，将心思改上正途，减少日后犯错的机会。

墨子的用人三法：识、察、磨

墨子，中国历史上唯一一个农民出身的哲学家，也是诸子百家中难得的以推行实干兴邦为己任的思想家。

墨子所提倡的用人三法，更是值得当代每一位管理者学习深思。

识人之才，用之有道

韩愈在《马说》中写道："千里马常有，而伯乐不常有。"其意在于告诉世人,好的伯乐对于实现人才价值的重要性。而对于墨子来说，用人之法首先要学会识人之才。

鲁阳文君曾与墨子讨论什么样的人才可称之为忠臣。鲁阳文君认为那些唯命是从、畏惧君主之人是忠臣。但墨子却不以为然，他说："这类唯诺之人作为大臣家中听令的小官可以胜任，但是却不能胜任朝中重臣。因为于君王而言，敢于直谏的人才可称之为才。"

寸有所长，尺有所短。人也有各自的优劣之处，而真正明智的管理者最重要一点就是应学会识人之才，因为只有做到真正的人岗匹配，才能实现人尽所用，用之有道。

察人之心，明人之志

了解所用之人的才能固然重要，然而人各有志，如何让人才的志向与所在组织的价值观相吻合，所以在墨子看来，管理者在识人之才后的下一步则应是察人之心。

《墨子·鲁问》里记述了这样一个故事：一个人在河边钓鱼，他向前俯过身去，就像大臣给国君行礼一样，是干吗呢？是向鱼鞠躬敬礼吗？一个正在捕鼠的人，他捉来些虫子引鼠出洞，是因为他喜爱老鼠吗？

显然都不是。他们对鱼和鼠表现出来的友好姿态，都是一种假象，他们内心的想法与所表现出来的并不一致。因此，墨子认为，“愿主君之合其志功而观焉”。也就是不能单凭好学和好施的表面现象进行判断，而要结合每一个人的行为、动机与目的结合起来进行考察，才能决断谁更适合胜任职责。

由是观之，无论是企业的人力资源管理，还是生活中的人际交往，学会察人之心是一个重大课题。

磨人之志，委以重任

在艰难困苦的环境中磨砺人志，是成就优秀人才的必然条件。

墨子对弟子们意志的磨砺，并非客观环境不够好，而不得不为之；并非弟子们表现不够好，而必须批评之。在许多时候，墨子是有足够的能力为弟子们创造出舒适的工作和生活环境的，但是墨子却严待弟子，弟子们的表现也不辱墨者声名。他这样做，是为了使他们得到更艰苦的意志磨炼，培养强人品德、超人意志。

墨家集团里有异常苛刻的自律要求，对人的艰苦磨砺，练就了他们极强的战斗力和意志力，现在虽已不知其具体的条款，但庄子说他们自苦为极，到了天下人都感到过分的程度，就足见其非同一般的严格。

墨子身后的几位墨家巨子禽滑厘、孟胜、腹黄享等，或许正是在这样的氛围中成长起来的杰出之士，这应被看作是墨子独特的成才观念和非凡的育才手段结出的硕果。

依墨子看来，管理人才需要践行三个步骤：首先得懂得根据团队需要挖掘能力匹配的人才，而后则应该学会通过深入观察与分析去了解团队中每一位参与者的内在心理与动机，最后通过考察与磨炼筛选出能够胜任重责的大才。

不得不说，墨子虽生活在距今近三千年前的春秋战国时期，但是其缜密实用的识人之法却能一直沿用至今且长久不衰、愈见精辟。可见，古人之智着实甚矣！

人生最大的悲哀是什么？

同学聚会时，看到自己囊中羞涩，我们可能羞愧得想找个地洞钻进去。看到别人名声显赫，举世皆知，我们或许羡慕妒忌恨，感叹自己没有做名人的运气。等到老了，发现以前的一腔热血已经冷却，等待自己的只是暮年的落寞。死的时候，如秋之落叶、冬之下雪，无声无息。

然而我们真的要像这样活吗？《小窗幽记》告诉我们："贫不足羞，可羞是贫而无志；贱不足恶，可恶是贱而无能；老不足叹，可叹是老而虚生；死不足悲，可悲是死而无补。"贫、贱、老、死，本来都是人生的悲剧，但知道悲剧之不可阻挡，还要尽力奋斗，才能在悲剧中活出喜剧。

贫而有志不足羞

贫，指的是物质生活的匮乏。但钱财乃是身外物，生不带来死不带去，为身外之物而羞愧实属多余。内心有志之人，完全可以顶天立地地做人。

以世俗眼光来看，如果临终时只留下两套衣服、一双鞋、一个水桶、一个铁饭盘和一张床铺盖，这样的人可算是一贫如洗。特里莎修女便是如此，但她以其坚定的志向影响了世界和平，赢得了诺贝尔和平奖。她的信仰，使她“在四季踏遍坑洞旧渠，把被这世界尽忘饿与被弃者都看顾，纵使艰辛不会后退”。

特里莎修女是宗教人士。世间最贫之人，莫过于真心信仰宗教的人。什么时候我们能把志向变成如信仰一样坚持，我们也能练成“贫不足羞”的定力。

贱而有能不足恶

贱，与性格品行无关，原本指的是个人名声的稀缺。无能的人，也许永远无法摆脱“贱”的状态；有能的人，即使名声不彰，但他们其实是以低调的姿态改变世界。

世人皆知《卧虎藏龙》《英雄》《捉妖记》等大片的威名，也知道李安、张艺谋等大导演的显赫，但鲜有人知道这些名声的成就都是因为一个人——江志强先生。在大众眼中，他只是一个普通的幕后工作人员；一个书包、一双球鞋是他出行的标准配置，连助手都没有。与他一手捧红的人相比，他每次出场都没有任何大阵仗。但是他目光如炬，出手不凡，所投拍的电影部部精品，被业内人士尊称为“造王者”。

没有名声、不为人知不是最可怕的事；最可怕的，是你没有那种保持低调的能力。

老而弥坚不足叹

如果说贫、贱不是人生的必然，那么老就是每个人都无法避免的悲剧。

“夕阳无限好，只是近黄昏”，是古往今来对老的巨大悲叹。“老而虚生”，是指到老了才发现自己虚度此生。其实夕阳也可以发出光，老而弥坚，是对老的最好致敬。

死而可补不足悲

“死而无补”是指到盖棺定论的那一天，对这个世界没有补益之处。这是人生的大可悲。爱因斯坦曾说：“一个人的价值，应该看他贡献了什么，而不应该看他取得了什么。”

科学家以科技改变物质生活，思想家以思想影响精神历史，康德、维特根斯坦、金岳霖这些璀璨的天才，终生不婚，他们死时，没有子嗣围绕。然而他们的思想，“历千万祀与天壤而日久，共三光而永光”，比起单纯以家族传承血统更加永垂不朽。

贫、贱、老、死，每个人都可能经历，也是上天赐予人的危机。而有危才有机，聪明人可以从中看出生机，否极泰来。

贫而有志、贱而有能、老而弥坚、死而可补，乃能成就人生的意义和价值。

讷言，说话的最高境界

俗话说：说出去的话，泼出去的水。无论是说多话还是说错话，都有可能直接影响到个人的人格褒贬。而真正有智慧、有人格魅力的人，向来都是讷言的。

孔夫子曰："君子欲讷于言而敏于行。"老子则曰："大辩若讷。"讷言，即忍而少言，谨慎慢言，说话前要三思，切勿口无遮拦、信口开河。

老子、孔子心目中的讷言，灌注了他们对社会人生百态的深入思考，而对于常人而言，这能够为我们塑造一个内敛的心性，从而让我们在为人处世中展现出一个实在、敦厚、智慧的自我。

讷言以寡失

讷言之人，必定有极强的自我约束力，从而不至于莽撞冒失。《史记·仲尼弟子列传》中记载的司马牛是孔子的学生，他是个"多言而躁"（饶舌话多，个性急躁）之人，他曾问孔子怎样才为仁，孔子说：

“仁者，其言也讱。”其意为说话须慎重，做事须认真，这是成为“仁人”的要求。

毕竟，“御人以口给，屡憎于人”。靠伶牙俐齿和人辩论，只会招致别人的讨厌，一味逞口舌之利，最终造成言多必失。

讷言以成信

讷言其实是道德的考量，讷言者，往往能成就信用。孔子说:“古者言之不出,耻躬之不逮也。”一个人言语过多,就会有不能兑现之言,反而丧失了信用,是“巧言乱德”或自取耻辱；要想成就做人的诚信,还是少说话、不空言为好。

老子也说:“信言不美，美言不信。善言不辩，辩言不善。”他认为巧辩和饰美伤害言语的真实和诚信。这就好比上天一样，它什么话都不说，但春夏秋冬依次更替，没有紊乱和差池，这才是一种高度的诚信品格，这才是德性的正道。

讷言以求中

此外，孔子的“讷言”并非要求人不说话，而是不能够随便说出来。(“君子于其言,无所苟而已矣。”)而要做到讷言,必须讲求“时”和“中”。

“时”指的是看准时机，在该说的时候才说。“与言而不与之言，失人；不可与言而与之言，失言。”在该说的时候不说，会失去别人的信任；在不该说的时候却说，就是失言。因此靠智慧认准说话的时机与对象才是关键。

讷言而敏行

孔子曾提出“敏于事而慎于言”“讷于言而敏于行”的思想，他认为人的许多思想和理念应当用行动来表达，行动可以是最好的语言，也是获取智慧的最佳方式。

今人也常说“实干胜于雄辩”，任何真理都是不由论辩和互相诘难而生的，欲要达到目标和求知，就要做到实干，就如词人陆游所说“绝知此事要躬行”，空谈误国，实干兴邦，有志之人更要谨记于心。

无论是儒家之言，还是道家之思，讷言的理念经过千年的试炼仍不失其妙。这对于现世后代来说，无疑是一种值得肯定的真理和处世智慧，入世之人应该谨记而用之。

无论是警醒自己，还是训诫后代，这三个字就够了

“家败离不得个奢字，人败离不得个逸字，讨人嫌离不得个骄字”引自《曾国藩家书》，曾国藩时常将这句话警醒自己并训诫后代，一来成就了自己，被世人称为“千古第一完人”；二来成就了家族，使得曾家后代从未出过败家子。

“奢”“逸”“骄”三个并不深奥的字眼，却对于今人如何持家、处世、

做人，有着极其深远的警示意义。

家败离不得个奢字

诗人李商隐曾有诗曰：“历览前贤国与家，成由勤俭败由奢。”历史之河，浩浩荡荡，古人富贵皆归结于“勤俭”之道；而一个富豪氏族的没落，则缘于一个“奢”字。

无论是夏朝的桀、商朝的纣王，还是秦朝的秦二世等统治者，他们奢淫无度、强压人民、手段残酷，导致人民反抗或政权更替，最终落得个国破人亡的下场。由此可见奢是人事必败的根因。

古人云：“俭，德之共也；侈，恶之大也。”圣人修身、齐家、治国，都离不开勤俭之道：诸葛亮把“静以修身，俭以养德”作为修身之道；朱子将“一粥一饭，当思来之不易；半丝半缕，恒念物力维艰”当作齐家的训言；毛泽东则以“厉行节约，勤俭建国”为治国的经验。

人败离不得个逸字

《左传·闵公元年》有一言：“宴安鸩毒，不可怀也。”其意为贪图安逸享乐等于饮毒酒自杀，不可怀恋。这并不是完全否定享乐的积极意义，而是告诫众人该如何去把握逸的度。

人生如溪，一路总有磕绊曲折，幸运的时候，也许能够无阻无碍，顺流而下，这时便可在这一路程安逸下来，好好欣赏沿途的风景，但要审时度势，时刻准备面对下一段坎坷，这才不至于在突然面对大起大落时措手不及，从而跌入谷底，一蹶不起。

后唐庄宗最初励精图治，振兴国家，取得成功，而后来安逸享乐，沉溺歌舞，导致亡国。只享安逸不图上进的人，永远都是故步自封的，通常他们在取得一定成就后再也没有忧患意识，安逸享乐，最后离失败也就不远了。

讨人嫌离不得个骄字

“满招损”，骄傲自满会招来损失，这其中的损失可能并不单单只是失去物质，也有可能是自身的人格魅力。从来没有人喜欢或愿意和骄傲自大的人相处，因为傲慢是一种得不到支持的尊严。

郑板桥曾题有一联说：“虚心竹有低头叶，傲骨梅无仰面花。”君子爱竹，是因为竹子疏朗潇洒，素有谦谦君子之风；君子爱梅，是因为梅花不畏严寒，暗发幽香。

因而为人当如梅竹，人人自然敬而亲之，更不可能讨人嫌。相反，骄傲是一种显而易见的愚昧，没人会为这份情谊买单。

圣人的格言警句，可谓前车之鉴，尤其在这世事和人际关系愈加复杂的新世纪，我们不得不寻求一种可行的精神，来安抚自己的内心并协助人生的成长。

“奢，逸，骄”这三个字，应当时刻警惕，谨记于心，才能兴家立业得人脉。

最完美的人生是怎样的?

“十五”“三十”“四十”等数字只是虚指,“志于学”“立”“不惑”“知天命”等都是修行的化境,一步一步往上走。在人生的三十岁、四十岁、五十岁、六十岁和七十岁，你处在怎样的状态上?

作为千古圣人的孔子，他对自己一生的总结，堪称完满人生的典范。儒学对现代人的一大意义,正在于提供了孔子这一人生范本,让我们在摸索自己的道路时，能够时刻警醒自己：我们离完美还有多远?

三十而立

三十而立,不是“立了什么”,而是“立在哪里”。孔子是“立于礼”(《论语 泰伯》)。礼，是礼制、规矩。无规矩不成方圆。但在年轻的时候,我们往往有改变世界的豪情,认为“天变不足畏,祖宗不足法,人言不足恤”，勇于打破传统才能创造未来。

传统其实是创造的源头。如毕加索成就自己独特风格之前，已经将学院派绘画风格摸索得一清二楚，其传统技法之熟练程度，已经可以和训练多年的艺术家相提并论。有了传统规矩的基底，他才能逐渐变化线条、改造空间，成就伟大的画风。

立于礼，才能知根底，才能谈创新。

四十而不惑

“立于礼”后对于自己所走的路，免不了要经过一番怀疑，甚至是动摇。如孔子自己，面对乱如麻的春秋格局，他也曾“累累若丧家之犬”。但吃的苦越多，越体会到理想的重要性——在孔子的理念中，恢复周礼是他毕生的追求。经过的战乱越多，他对礼仪的追求就越坚定。此之谓“不惑”。

华人导演李安，年近四十才拍出自己的处女作三部曲，但却一举获得了金马奖、金狮奖等大奖，这时候他才发现自己当年坚持的电影梦是正确的。

中国人的不惑往往如此，潜藏得很深。要经过一波三折的磨难，不惑的理想才显出坚不可摧的魅力。

五十而知天命

“天命，即天道之流行而赋予物者”，即是每个人活于世上所应担负的一份使命。过了不惑之年，奋斗到了一定境界，要开始对自己的一生进行认真梳理。孔子在五十多岁的时候，学问已达化境，开始退隐而修《诗》《书》《礼》《乐》，为后世的文化传承做出巨大贡献。

六十而耳顺

按照字面理解，“六十而耳顺”的意思，是说好话坏话尽管让人家去说，自己都听得进去且心里依然平静。胡适说：“耳顺是能容忍‘逆耳’之言，听‘逆言’不觉得‘逆耳’。”

而更深层次的耳顺，是指“闻人之言，而知其微意，则知言之学，可知人也”。听其言而能知其人，乃至观察世界、社会都用耳朵去聆听，因为眼只观前面，而耳可听八方，甚至可以调动身体其他器官的触感，汇聚于心，达至无所不通、无所不解的境界。

七十而从心所欲，不逾矩

对自己的天命了如指掌的人，才能从心所欲。因为经过长期自我修持，内外打通，一切规矩都是我自身的规矩，这些规矩不是对个人的约束，反而是内外相互印证的证明。甚至可以说，到达这一境界的人，本身就是规则的制定者，是引领时代走向的风云人物。

三十而立、四十不惑，是人生的修道阶段；五十而知天命，是悟道的象征；六十而耳顺、七十而从心所欲不逾矩，则为证道的表现。

人生弯弯曲曲水，世事重重叠叠山。在曲折进取的道路，我们一步一步走，总会遇到不一样的风光。而只有努力过后，我们的人生才能算得上真的完满。

什么是对待朋友的正确方式？

侠心交友，素心做人。其实，交友也确是做人的一种，与交心知己来一场光明磊落的君子之交，实用人生一件快事。

“良禽择木而栖，德者择善而居。”交友亦如是，君子以道为友，小人以利为友。

人还总是离不开朋友，而对于极其注重交友的孔子来说，其实真正的交友之道则在于三个字：诚、仁、谏。

道之一：以诚待，超功利

孔子交友尚德不尚利，尚学问不尚权势。在他眼里，只要对自己的学问、德行有长进的人都是益友。

燕国有一少年名为项橐，一日找到孔子，向他提问：“世间什么水无鱼？什么火无烟？什么树无叶？什么花无枝？”孔子一时无解，恭敬地向项橐请教，项橐笑着说道：“井水没有鱼，萤火没有烟，枯树没有叶，雪花没有枝。这样简单的问题都不知，众人还称你为至圣之人。”孔子大叹道：“后生可畏，老夫愿拜你为师。”随之拱手便拜，自此二人成为忘年之交。

《论语·述而》中有一言：“三人行，必有我师焉。”正如其中所言，孔子提倡的结交益友，就是交识对自己“有用”的人。但所谓的益友并不是说通过他们可以改善自己外在的生活条件，而是能借他们的美好德行来完善自己的品德，提高自己的修养和丰富自己的学识。于古人而言，真正的挚友本就是超乎功利的，于今人何尝不是呢？

道之二：以仁交，通权变

对于交友，孔子是很讲究礼的，但这礼并非教条之道，而是“大行不顾细谨，大礼不辞小让”的宽厚与灵活。

孔子有个叫原壤的旧友，因他母亲去世，孔子去帮他置办棺材，谁知原壤竟扶着棺木高歌。依礼数，至亲刚亡家中就歌声不断是极其非礼的行为，可平日讲求礼数的孔子却装作没听见。

众人好奇，问道：“此人这么无礼，您还帮他？”孔子却说：“故者毋失其为故也。”（他是我的老朋友，不能因其一时失礼，而不当他是老朋友啊！）

原壤因丧母而心情压抑，以唱歌的形式来发泄自己悲伤的情绪，在旁人看来虽然有些出格，但孔子却可以理解，所以才能顾念旧情，并不愿因为其一时的失礼而与之绝交。常言道“人非圣贤，孰能无过”，既然如此，挚友难觅，如非动及原则，让他三尺又何妨呢？

道之三：以慎往，善劝谏

孔子认为交友不易，对于朋友的过错需指出，但应选择正确的方法，这正如《论语·颜渊》中“忠告而善道之，不可则止，毋自辱焉”所说的以诚心相劝。

春秋时期，鲁国规定，若有鲁人在国外被卖为奴隶，鲁人可先将其赎回后，再向国库申取赎款。孔子的一个朋友从国外赎回一个奴隶，却没到国库报取赎款。

别人赞其品格高尚，孔子却前去劝谏朋友，他说：“今日你赎人不报，将来别人看到做奴隶的鲁人，本想赎回，却因担心自己去索要赎款时，被人指责贪图钱财品行不如你而放弃此举，这不就适得其反了吗？当然，我仅仅是说说而已，你也有反驳的权力。”

对同一件事，不同的人会有不同的看法，每个人都有自己的判断力，有自己处世的方式方法。所以，话已出口，则不必苛求朋友非得听从自己、按自己的方式行事，以免失去了朋友间的平等，让友谊生出异味。

相识快，相知却难，交友二字看似轻巧实则不易，世间各家讲求推崇的与人相交之法比比皆是，一时也难以尽言。

然而，当我们重新回归本初，静心思之，于人心，其实最为至善的交友之道，也不过一句：善诚相待，将心比心。

荀子教你如何识别损友

《荀子·修身》有言:“非我而当者，吾师也；是我而当者，吾友也；谄谀我者，吾贼也。”其意是批评我而且批评得恰当的人，是我的老师；赞扬我而且赞扬得恰当的人，是我的朋友；阿谀奉承我的人，是害我的敌人。

荀子主张“性恶论”，故在待人方面上会刻意区分，这其实也是在强调君子与小人的区别，告诫世人为人处世不应以个人喜好为标准，而要真心诚意地分清君子与小人的差别。

若是不分善恶，任凭个人意气行事，则有可能被小人蒙骗和欺诈而后悔莫及。因此，从荀子这一观点出发，除了修正己身之外，也要学会如何辨别是非善恶之人，从而能在人际交往中建立起正常关系。

非我而当者，吾师也

《论语》有言:“三人行，必有我师焉。”身边的父母长辈也许对我们严厉斥责过，但其目的都是为后辈在人生长河中少点磕碰，少走弯路；或许也有些同辈亲朋好友对我们谆谆告诫过，这是难得的，他们的劝诫批评就如一面镜子，可以让我们经常指正自己。

而面对批评，则需做到如汉代班固所说的那样：“豁然大度，从谏如流。”正确看待他人的批评以及要礼待这些恰当批评自己的人，这样才会把这条漫漫人生路走得更好。

是我而当者，吾友也

“待君子，不难于恭，而难于有礼。”这是《菜根谭》里的一句话，其意思是对待品德高尚的君子，做到对他们恭敬服帖并不难，难的是遵守适当的礼节。

很多人对一些地位或者声望较高的人，一般都会以礼相待，但这种情况下，最难做到的是礼节有度，往往很多人因过度赞扬从而凸显阿谀奉承之态。

对于来自他人的赞美，是一种对自己本身的客观认可。但要注意其中的尺度，“满招损，谦受益”，时常以平常心态看待他人的赞美，这样既代表接受了他人的赞美，也不会让口蜜腹剑的居心叵测之人得逞。

谄谀我者，吾贼也

唐朝李林甫在担任宰相之时，对于朝中百官，凡是才能和功业在自己之上，受到皇上看重或官位快要超过自己的人，必定千方百计地排斥他们。他尤其妒忌因文学才能而进宫的士人，有时表面上装出友好的样子，用甜言蜜语相交，而暗中阴谋陷害。所以世人都称之“口有蜜，腹有剑”。

为人处世应懂得对待小人称赞之言，切不可沾沾自喜。“宁为小人所忌毁，勿为小人所媒悦。”《菜根谭》的这句警世名言应当谨记，这样方可在处世中游刃有余。

就是到了今天，荀子这句话依然闪耀着智慧的光芒。若我们都能按照这个标准来完善自己，生活中便少了许多猜疑和不和谐。

我们都需要都保持一个善良的心态，而善良的心态其实就是要明辨是非，要严以律己、善意待人，要建立人与人之间的正常关系。

一个人是否厚道，关键看这三点

《周易·坤》曰:“君子以厚德载物。”厚道之人，能驾驭自我，驰骋四海；厚道之人，能海纳百川，以德服人。人们都愿意与厚道之人交往，因为他们能让人感到放心，让人觉得可以信任。

但纷繁世界，千人千面，每个人都有自己的特点，有什么办法可以看出一个人是否厚道呢？关键就在观察其精神内涵。

如果一个人拥有以下这三种品质，那么我们可以说这个人基本是一个厚道之人了。

厚道之人，必定心存善念

厚道与才能、学识无关，它是一种关乎人性的美德。要是一个人永远只会考虑自己、不考虑他人，那他的心胸则不够豁达。能称得上厚道之人，必是处处能为他人着想之人。

为他人着想，就是希望他人的生活过得幸福美满。为他人着想，就是希望他人的生活少点困顿苦难。因此这种人基本都能够做到换位思考。

古人言，不以恶小而为之，不以善小而不为。虽然换位思考只是一个小小的善行，但是厚道之人大抵都有这种品质。他们热心公益，投身群体事业，或是在社区工作中扮演着活跃的角色。因此人们都乐意将责任委托给他们。

厚道之人，必定立身正直

如果说善良意味着为他人着想，那么正直的含义则是遇事能够以“是否对错”的标准来加以衡量。厚道之人必是正直之人，他们有一套明确而且牢固的价值观，在小事大事面前都能做出合乎人情道理的判断。

正直之人，遇事不会单纯根据利益做出判断，而是反复观察自己的良心，什么是可以容忍的，什么是不能原谅的。他们的心中有一条界线，心头有一把尺刃。一旦越过了这条界线，他们就马上警觉起来，采取行动维护自己的是非观。

面对欺负老幼的行为，他们能及时出来抵制；面对路人遭劫的情况，他们能设法智斗勇斗。这都是厚道之人的表现。

厚道之人，必定做事严谨

孔子曰："君子泰而不骄，小人骄而不泰。"所谓"泰"，就是稳如泰山，就是作事严谨，这样的人是能够让他人信任之人，这样的人是能够让他人放心之人，因此也才能被称为厚道之人。

在生活中，我们总是会遇到一些人，他们做事丢三落四、没头没尾，每当我们交办事情到他们手上时，难免会感到担心和焦虑。其实这就是不厚道的表现。

厚道的人做事一定是严谨的，凡事都能落到实处，对每一个细节、每一个不起眼的地方都能有敏锐的洞察力，并坚决将细小问题解决好。处事严谨，方能称得上厚道之人。

厚道，不是无的放矢，容忍他人肆意违反原则。厚道，也不是一味地做"老好人"，宁愿自己的权益被屡屡侵犯，也不提出抗议。

厚道是一种建立在明辨是非基础上的包容和宽心，因此他们处事的方式极为严谨。当我们在生活中遇到这样的人时，应该多加交往，并师从其心。

人生最好的境界是丰富的安静

《大学》有言:“知止而后有定，定而后能静，静而后能安，安而后能虑，虑而后能得。”每一个人，若想在不同的人生阶段有所得、有所成，离不开一个“静”字。

安静，不是要让自己脱离现实，而是要在现实中以一种淡定的姿态，去看清自己的本质。只有看清自己的本质，才能更加直接地设法提升。浅薄的热闹于我无益，我便不取。丰富的安静可促成长，我便谨守。

静者不避闹市，躁者难立深山

真正能够守住内心之宁静者，是能够适应任何环境的人。若是处于僻静处，他能心安理得地享受独处之安乐。若是处于喧闹处，他能稳如泰山地听取内心的声音。

我们时常能够看到老人悠然自得地坐于榕树之下，他们的神态是安详的、宁静的，纵然过往有贩货的小车，周遭有嬉闹的儿童，他们也能气定神闲，秘诀在于内心丰富的安静。

反观内心躁动之人，他们因为渴求太多，而导致失去了内心的平静。这些人即使让他们身处于深山之中，或者隐没于古刹禅房，他们也只会感到焦灼难安。这是因为他们的内心并不富足，因此不能享受安静之乐趣。

安静发乎童心，修炼贵在持恒

既知安静之可贵、躁动之纷扰，那么怎样才能尽量达到心境平静的状态呢？其实最重要的是每个人都要找回自己的童心。

要像一个孩子一样细腻地生活，少计较功名，少计较得失，即《大学》所谓的“知止”；多去想想什么能让自己快乐，我们的内心才能回复到平静的状态，我们的灵魂才会变得丰富和厚实。

在日常生活之中，我们需要依赖一些修炼的方法。比如在工作之中，要养成拟订计划的习惯，今天该干什么，明天该做什么，都要有一个明晰的计划。

人在有计划的时候，内心自然会安定踏实很多。比如我们在生活之中，要养成定期收拾家居物件的习惯，让自己在摆放整齐东西的时候，感受到一种各安其位的良好情绪。这些小细节往往被我们所轻视和忽略，但却能切切实实地帮助我们通过一种持久的方式找回平静。

充实不假外求，丰富觅于内心

很多人会以为，自己拥有很多东西，比如物质，比如名声，生命就是圆满的。但事实上这是一个误区。

这种所谓的“充实”不过是绣花枕头，外表光鲜，而内里却堆满了禾草。物质再多，一旦够用，其余即为浪费。名声再大，岁月推移旋即所剩无几。

真正的丰富只能从内心中寻找。多接受点哲学的思辨训练，从文学的人物里获得力量，读点历史书籍，从浩瀚的知识中充实自己，让自己生命的深度得以延伸，让自己生命的广度得以拓宽，才是真正的圆满，也只有这种圆满才能让我们感到真正的平静。

浅薄的热闹如过眼云烟，转瞬即逝；丰富的安静如万顷碧波，永恒深沉。去做一个内心安静的人，不骄不躁；去做一个充实丰富的人，且行且乐。

生命是一场永不停息的旅行，丰富的安静是沿途最美的风景。

曾国藩统领湘军三十万，靠的是这四点

曾国藩曾说：“轻财足以聚人，律己足以服人，量宽足以得人，身先足以率人。”其意为仗义疏财能够团结人，严于律己能够使人信

服，宽以待人能够得到人心，身先士卒能够领导众人。

不管自己是否身为领导者，将这四句哲言引入到与人交往中，都不失为一种提高自身修养素质以及人格魅力的良策。

轻财足以聚人

了解《水浒传》的人都知道梁山一百单八将以宋江为首，为何他能得到众人的推举？

论智，他不如智多星吴用；论勇，他不如豹子头林冲。但就是这样一个人，他乐善好施，仗义疏财，凡有江湖好汉来投，不论高低，一律收留，故江湖人称“及时雨”。

作为一名企业领导人，更要深谙轻财之道。一个企业的发展离不开人才，而现今一个企业的倒闭，大多数原因也在于人才的流失。蒙牛乳业创始人牛根生所倡导的用人理念是“财聚人散，财散人聚”，如此一来，企业也必定能桃李芬芳、蒸蒸日上！

律己足以服人

其实，在一个企业内部要想让员工从心底服从上司，单靠制度强求或人心笼络都是不能完全使人信服的。

作为老板，当然希望每个员工都能够严格遵守规章制度，但实际上还是难以得到一个真正想要的结果。如果身为领导人能以身作则，严格按照规章制度做事，那么自然就起到了一种很好的“人人在制度面前平等”的示范作用。

正所谓“律己无声，不怒而威”，只要严于律己，必能得到员工由衷的信服。

量宽足以得人

俗话说“宰相肚里能撑船”，一个领导人有威严，不仅在于他有律己精神，很多时候也在于他有一颗包容的心。虽说不至于做到心胸像天地般宽大，但至少要做到对自己的这份事业包容。

楚汉相争，最终刘邦能胜项羽，关键因素就在于刘邦能得到治世之才，而韩信、英布等人才能慕名而投也取决于刘邦待人宽容，允许部下犯错，甚至能容忍部下的污点；而西楚霸王项羽则做不到包容部下，他心胸狭窄，最后就连忠实的亚父范增也容不下，双方胜败当然一目了然了。

身先足以率人

一个企业公司在艰苦的创业环境中难免遇到困难，在这个时候如果身为一个领导人都犹豫不定、充满畏惧，那么又何谈能突破瓶颈呢？又何谈让下属充满信心去迎接挑战呢？

身为领导者，一定要能够身先士卒、洞悉先机、一马当先，这样属下看了才会能欣然服从、士气饱满。

当然，这四句话并非只是大领导的专利，即使是寥寥几人的团队领导人，也不妨借鉴这领导四法。

因为这始终是有益无害的，哪怕在个人的修行中，待人友善、解人之忧，人人必定尊而敬之；严于律己，心胸宽广，敢为人先，这更是一种可贵的品质。

慎独，自律的最高境界

“慎独”一词，出自秦汉之际儒家著作《礼记·中庸》一书：“莫见乎隐，莫显乎微，故君子慎其独也。”所谓慎独，就是在别人不能看见的时候，能慎重行事；在别人不能听到的时候，能保持清醒。

最隐蔽的东西往往最能体现一个人的品质，最微小的东西同时最能看出一个人的灵魂，而慎独说到底其实就贵在三个“如一”。

言行如一，为情操

《论语·为政》记述了这样一段对话：子贡问老师孔子怎样做一个君子，孔子告诉他：“先行其言，而后从之。”（先做好你想说的，之后再把它说出来。）

虽是简单的一句话，却一语道破了成为君子的要诀所在，而孔子本人其实就是知行合一、言行一致的最好典范。

儒家以推行仁政为己任，把道德教化作为实现这一理想的重要渠道，而德不仅要言传，更要身教。孔子作为儒家的一代宗师，不仅建立了一个以仁为核心的完整的伦理思想体系，把社会道德规范集于一体，更是几十年如一日率先垂范，积极践行。

如果不先行其言，而是夸夸其谈，用自己没有验证过的理论来教训、说服别人，往往只会适得其反，正如孔夫子所说的：巧言令色，这样的人，大多数都是取于利而鲜于仁。

心口如一，为良知

心与口是人发语的两端，按照佛家的观点，心为善生，而口为妄生。唯有心口若一才是可信之人。

东汉名臣杨震风雅清正，为官数载一直以公正廉明著称，一次因公路过昌邑县，恰逢旧交王密在此任县令，当夜王密怀揣十金前往馆驿相赠，以谢杨震知遇之恩。杨震拒而不受。王密急切之下说道："此时深夜，无人知矣。"杨震却正声而说："岂可暗室亏心（暗地里做些亏心事），举头三尺有神明，此事天知、地知、你知、我知，何谓无知？"这就是历史上传为美谈的"杨震四知"。

这世间口若悬河、信誓旦旦之人太多，而真如杨震一般，话从口出后即使无人监督，心却一如既往遵从己言的人却寥寥无几。

常言道人善之首，即是心口如一。这话正是告诫众人：口中所言皆应出自肺腑，语出之理也当极尽恪守。

始终如一，为坦荡

中国人做事贵在一个"恒"字，而"恒"就是始终如一与不忘初心。

无论是三国时刘备的"勿以恶小而为之，勿以善小而不为"，还是元代时许衡的“梨虽无主，我心有主”，抑或是清代林则徐的“海纳百川，有容乃大；壁立千仞，无欲则刚”，对于心中自律的坚守，他们做到了始终如一。

而始终如一可谓慎独中的最高境界，因为它的背后是一个人处世的坦荡之志。因为长久的慎独，讲求的是内在的定力，是古人常说的每天三省吾身的省思，是在无人时、细微处如履薄冰、如临深渊，始终不放纵、不越轨、不逾矩。

慎独之于他人是坦荡，之于自己则是心安。

一个表里如一的人，事无不可对人言，就少有愧疚、猜疑、顾忌等种种阴暗，心中自然绿意盎然、步步花开。

越急于表现什么，说明内心越缺什么

很多时候，我们觉得活着很累，因为有太多事情要考虑，有太多不满要发泄，有太多误会要澄清，有太多细节要查证。日复一日，蝇营狗苟，许多烦忧挂在心头。

清代陈宏谋在《养正遗规》中告诉我们，这都是由于“八不足”

造成的。

才不足则多谋

我们遇事经常煞费思量，难以决断。从某种程度上来说，这是我们才学不足的表现。才学积累到一定程度，完全可以借力前人的经验，在前人智慧中迅速找到解决方法，当断即断，不受其乱。

识不足则多虑

弘一法师曾对这句话如此解释道："见识不足、难以决断就会思虑过度、担忧狐疑、没有安全感。"

见识，是在自身才学和经验基础上发展起来的品质，代表人的眼界，对未来趋势的判断。多虑，指的是对未来的担忧，不知道前路如何。如果见识足够，就会知道未来不过是现在的延续，专心过好当下生活，一切疑虑都可以消除。

威不足则多怒

很多时候人们发怒，是因为感觉到别人不尊重自己。他们需要采取极端的手段，引起别人的注意。这就是威信不足的表现。

弘一法师解释道："威望都是从德行而来，道德的力量可以慑服一切大众。"要增加威信的方法，就是提高自己的德行水平，培养自己在众人心中的形象，不怒自威。

信不足则多言

《易经》有言："吉人之辞寡，躁人之辞多。"有的人叽叽喳喳地说话，解释这个解释那个，很多时候是因为别人不相信他。

一言九鼎的人，掷地有声，根本不需要多费唇舌。

勇不足则多劳

兢兢业业、劳心劳力的人，看起来好像很有干劲，但很可能是因为他们心中没有勇气。没有勇气的人，做事畏缩，拖泥带水，只能被事情所劳。何谓真正的勇气？凭借内心持守的一份真气，一鼓作气而成事，毕其功于一役，事半而功倍。

明不足则多察

做事的时候,往往有很多细节,看得我们眼花缭乱。而这就是“明不足”的表现。“明”指的是明察秋毫、洞若观火的智慧。

养成这种智慧的人，看山看水好像都是漫不经心，但已经将事情的本质把握住。明不足者，只能孜孜以求，多看多听，养成自己的眼力。

理不足则多辩

“天何言哉？四时行焉，百物生焉。天何言哉！”掌握大道之理的人，无须多做辩驳，时间会证明他们的正确。他们只需默默耕耘，等待收获成果的一天，惊艳众人。而本身无理之人，没有底线原则，多巧言令色，其实只不过是遮掩自己空虚的实质。

情不足则多仪

“仪”就是礼仪，礼仪是用来规范人际关系的，越是陌生的人越需要以礼仪对待。

感情深厚的两个人，大可以坦诚相见。王维在《积雨辋川庄作》中写道："野老与人争席罢，海鸥何事更相疑？"用真心待人者，才可以享受与人争席的快乐。

《道德经》有言："天之道，损有余而补不足；人之道，则不然，损不足以奉有余。"自然之道，在于追求平等发展、均衡持重。人应该效法自然，因为按照"木桶理论"，限制人发展的关键，往往就是他的短板，即他的不足之处。

对于个人发展而言，扬长避短也许不是坏事。但人的可贵之处，在于能够认识到自己的短处并努力改正。知道自己哪里不足了，努力填平，乃至发展为自己的优势，迈向人生更大的成就。

王阳明的三句话教你如何把心静下来

诸葛亮曾经说过："非淡泊无以明志，非宁静无以致远"。一个人生活在世界上，很难摆脱世俗的欲望，终日忙碌无暇，对生命的意义也来不及思索，然而当你一旦停下脚步静坐独思时，就会发觉一种极为释然的宁静由心缓缓而发。

明代心学大家王阳明所提倡的，正是这生于独坐观心中的宁静。

那么，既然生于尘嚣中的我们一时难以摆脱世俗的念头，何不学习王阳明，以其独坐静思之法为自己浮躁的心灵养一方净土？

修静，以入心之境

静，则入心境。

王阳明以坐入静的要诀在于二：其一，“息思虑”，也就是让自己的心进入空寂境界。

让心空，是佛家和道家的至高之境，道家的“知行合一”“贵和尚中”，佛家的“空身、空心、空性”讲的正是此理。

王阳明所说的“息思虑”则是暂时放下以寻求内心真正缺失的东西为何物。

其二，“省察克治”，也就是以心为镜，观照自身。

人活于世不乏私欲，而私欲不外乎好色、好货、好名。孔子常说君子正身之法就是“自查不惑而内自省也”。王阳明修静的最重要一点也在于这里。

人心的不静来源于人心的不净，因此通过独坐不断反省，则是帮助自己了解内心的快速方法。

意诚，以树心之正

惟天下之大诚，能立天下之大本。

诚意，就是正念头，诚实地践行良知给你的答案，一个念头出现，良知自然知道好坏，好的保留，坏的去掉，这就是诚意。

王阳明说，诚意就是“如好好色，如恶恶臭”。意为：喜欢善如喜欢美色，厌恶恶如厌恶恶臭一样！

这虽然听上去很简单，做起来却实属不易。我们知道不义之财是坏的，可有时候却经不住诱惑去取了。一旦取了，这就不是“好善恶恶”的心了。正是因为我们总不诚，所以内心往往常出愧疚，自然无法获得应有的平和静谧。

谨独，以严心之律

谨独就是慎独，原意是，即使自己一个人的时候也要注重自己的行为，严于自律，我们静坐时就是谨独时。于王阳明而言，谨独其实就是自我管理。

自我管理包含了诸多要素，王阳明说，静坐时只要把这些要素一一排列，就是谨独了。

第一是分析，我有何私欲；第二是目标，我要通过什么手段克服掉这些私欲；第三是信心，我要坚信自己能克服掉这些私欲；第四是毅力，必须具备强大的意志力，一日不成就两日，两日不成就三日，不可半途而废；第五是心态，在克服私欲的过程中保持良好的心态，不能为克而克，更不能想克服掉私欲的目的，一旦有这种心态，就是新的私欲了；第六是学习，所谓学习只是通过各种手段证明自己的良知，以良知的巨大力量来帮助自己完成自我管理；第七是检验，当你确定自己把私欲克服掉后，要去实践中检验，第八是反思，我为何会有这种私欲，这一私欲产生的基础是什么，只有反思到位，才不会再犯同一错误。

常言道，人心静方能生慧。

立志—谨独—意诚，此三步为王阳明以静修心的奥义所在，也是生于这浮躁尘世的我们如何更好地获取内心恬淡朴实的不二法门。

人生四苦，你断了几个？

看不透世事的纠结纷争；舍不得过眼云烟的繁华；输不起跌宕起落的沉浮；放不下尘封已久的是非。

世人常说这就是人生四苦：看不透，舍不得，输不起，放不下。

《诗经·邶风·谷风》有诗曰："谁为荼苦，其甘如荠。"其意是：谁说荼的滋味很苦涩，它的滋味就像芥菜一样，刚入口有些苦涩，但回味是甘美的。人生何尝不是如此，苦尽方有甘来，悟透了，也就看得透、能舍得、输得起、放得下了。

第一苦：看不透

老子曾说："知人者智。"能准确地认识别人，是一种心智、智慧。一个人若不了解交际中的那些人，就是缺少了人际交往中的心智、智慧，从而就会陷入猜测和疑虑之中。因此，学会辨识人心，懂得放开不必要的利益与纠结，不争名利，心中自然生静。

东晋陶渊明曾在江西彭泽做过八十多天县令，便声称不愿"为五斗米向乡里小儿折腰"，随后挂印回家，从此结束了时隐时仕、身不由己的生活，终老田园，并写下传诵千年的《归园田居》。"暖暖远人村，依依墟里烟。"他毅然选择了一种与世无争的清静田园生活，这便是一种对世事纷扰的看透。

第二苦：舍不得

荣誉对每个人来说都是一种对自我的肯定，也是一种回报，但它也终将成为过去，并不值得耿耿于怀。而对于这一过眼云烟的荣誉仍依依不舍，便是一种虚荣心，人也会在前进的路上停滞不前，慢慢的，盲目自大及虚伪的性情就会侵蚀整个内心，最终变得失去真实的自我。

白居易在《寄太原李相公》中有一名句曰："世间大有虚荣贵，百岁无君一日欢。"舍不得虚荣的人始终无法客观地认识自己，他缺乏自知之明并太高估自己的长处，从而也失去了真正的追求。相反，一个能抛开虚荣的人，心中又有何苦可言？

第三苦：输不起

“无论做什么事都必须赢，不能输。”这一心态便是输不起的心态，它会让人没有自信，做事缩手缩脚，只能囿守于过去失败的老套。“输不起”的心态还让人失去上进心，不敢冒险，不敢创新，不敢迎接新的挑战，眼看着机遇从眼前白白地溜走，这才是真正的痛苦，后悔莫及的痛苦。

唐太宗有一诗言：“疾风知劲草，板荡识诚臣。”只有敢于磨炼自己，不畏跌落失败的人，才是真正的“劲草”“诚臣”，这是“输得起”的胸襟，才不枉人生的风雪闯荡。

第四苦：放不下

无论多么美好的体验都会成为过去，无论多么深切的悲哀也会落在昨天，心中的苦楚无非来自放不下的一些无谓的执着和顽固的偏执。

“归去，也无风雨也无晴。”东坡居士的豪迈，是放下一切的大度，毕竟烦恼痛苦都是自找的。我们应该持有的心态，不过是风起时笑看落花，风停时淡看天际。懂得放下，生命才会更加完美。

人生四苦，也许每个人都有其中一二，但回过头来想一下，看不透、舍不得、输不起、放不下能给我们带来什么？

任何事物的发展都不会因此而得到改观，唯有懂得看透、舍得、输得起、放得下之后，日子才是安然幸福的。

大气做人，小细做事

《道德经》第三十八章提到:“大丈夫处其厚，不居其薄；处其实，不居其华。故去彼取此。”其意为大丈夫立身敦厚，不居于浅薄；存心朴实，不居于虚华。所以要舍弃浅薄虚华而采取朴实敦厚。这一切，说的就是要大气做人。

这对于现代来说，特别是人际关系越来越复杂的时代，老子的大气思想，对我们为人处世仍颇有指导借鉴意义。而要做到大气，首先得从以下三点做起:

谦下，要如“百谷之王”

江海在老子眼里是一切大小河流的汇合之处，而它之所以能成为“百谷之王”，是因为它善于处在下游，从而水往低处流，最终汇流成江。而一个人能否在社会中更得人心，就在于他能否如江海般甘于居下。

三国刘备在火烧新野、大战长坂坡之时，一路都有百姓生死相随。为何这些百姓明知跟随刘备是九死一生却又心甘情愿呢？这是因为世人都感于刘备的谦下品德，他从不标榜自己的身份，甘于居下，深得民心，诸葛亮也因他三顾茅庐的知遇之恩而鞠躬尽瘁，从而也为其后续奠定三国鼎立的形势打下厚实的基础。

从而可知，大气谦下，是成功的至要因素之一呀！

不争，要明“上善若水”

老子所说的“上善若水”是指为人处世要向水的“柔弱”品质学习，他认为水德是近于道的。

明末清初思想家王夫之曾解释说：“五行之体，水为最微。善居道者，为其微，不为其著；处众之后，而常德众之先。”水滋润万物而无取于万物，甘愿停留在最低洼、最潮湿的地方。

而为人处世的要旨，即为“不争”，宁愿处别人之所恶也不去与人争利，从而别人也不会对自己有任何怨尤了。

求全，要知“曲则全，枉则正”

《道德经·第七十九章》曾说：“和大怨，必有余怨；报怨以德，安可以为善？……天道无亲，常与善人。”也就是说为人处世也要学会经受委屈以及冤枉，如此才能保全自己，从而能将事理进行伸直、纠正。更为重要的是，还要学会以德报怨。

人与人之间的矛盾是难免的，其实只有学会委曲求全、隐忍自我，方能化干戈为玉帛，消除嫌怨。清朝礼部尚书张英与吴家的六尺巷美谈则很好地诠释了互相礼让而将矛盾化解这一点：张家与邻居吴家因墙地之争互不相让，便飞书于朝中做高官的儿子张英出面解决，而张英只回了这四句话：“千里来书只为墙，让他三尺又何妨？万里长城今犹在，不见当年秦始皇。”

张英家人阅罢，深感羞愧，便主动让出三尺空地。吴家见状，深受感动，也主动让出三尺空地，这样就形成了一个六尺的巷子。两家礼让之举和张家不仗势压人的做法也一时传为美谈。

大气做人，若懂得了甘为居下、谦虚不争、委曲求全，则心胸也就自然开阔了，人与人之间的相处也就更美好了。老子的这三句话，是今人为人处世的最佳领悟。

五招教你成为顶尖管理者

子张问孔子，要怎样的人才可以从政。孔子说“尊五美”的人可以从政。“君子惠而不费，劳而不怨，欲而不贪，泰而不骄，威而不猛”是为从政者的五种美德。

孔子讲的虽然是从政之道，但从政的人，无非是管理者中的一种。孔子的五美，又何尝不可以看作是一切团队管理者应知应会的管理秘诀呢？

惠而不费

孔子解释说："因民之所利而利之，斯不亦惠而不费乎？"意思是说，管理者采取措施，适当引导下属获得利益，自己却不必有太大的耗费。

这种智慧，正是今日企业的股权分享制度的原理。公司上市之后，管理者用股权奖励员工，一方面，加强了员工的成就感，培养其对企业的归属感；另一方面，在股市中的资产增值并不需要管理者付出任何代价，员工若是赚了大钱，也会将其归于领导者的大方馈赠。

这就是"惠而不费"，通俗点说，就是四两拨千斤的手法，借利获利。

劳而不怨

孔子继续解释说："择可劳而劳之，又谁怨？"即是说，选择恰当的岗位给予恰当的劳动者，就不会让人抱怨。

一个团队，最忌有人尸位素餐以及越俎代庖。

尸位素餐者，是在其岗位上发挥不出作用的人，俗称吃大锅饭。对待这一类人，可以将其清理出团队，否则令其他真正做事的人产生埋怨心理，挫伤他们的积极性。

而越俎代庖者，是本身确实有心有力，在其他岗位上指手画脚的能量过剩的人。对待这一类人，可以发挥他们的积极作用，适当提高他们的地位，让他们能够在更大的范围内贡献力量，而不是限制他们的发展，使他们也产生埋怨心理。

劳而不怨，一句话，人尽其才，斯可以无怨也。

欲而不贪

子曰:“欲仁而得仁，又焉贪？”想得到仁就能得仁，又何须贪心呢？

君子也是人，也有七情六欲，生活的基本需求还是要达到的。但有仁心的人，绝不贪心。这样的仁人作为管理者，这个团队一定兴旺。小米总裁雷军说过:“在小米内部不讲销量，我们不争第一，我们要回归初心,做消费者的朋友,生产他们喜欢的产品。”不争第一，就是不贪心；回归初心，即为仁人。

“我欲仁，斯仁至矣。”欲而不贪，就是这么简单。

泰而不骄

子曰:“君子无众寡、无小大、无敢慢，斯不亦泰而不骄乎？”意思是说，君子无论人多人少、大事小事，从不怠慢骄傲。

“泰”是团队发展成熟的状态，也是团队管理者得意扬扬的样子。这时候如果表现出骄傲自大的情绪，则团队所取得的成就将很快消耗殆尽，无以为继。“不骄”即是谦厚随和，谦厚，所以能听得进下属意见，锐意进取。随和，所以能继续和下属同甘共苦，知所进退。

“泰而不骄”是守江山的法门。

威而不猛

子曰：“君子正其衣冠，尊其瞻视，俨然人望而畏之，斯不亦威而不猛？”意思是说，君子此时衣冠整洁，目光如炬，使人望而生畏。

“威”时，正是团队发展到鼎盛的时候，君子借其势而能威风八面。但这时不能够让人感觉“猛”，因为猛是恃气凌人、咄咄逼人。华为的员工见到其总裁任正非先生，总是不敢轻易打招呼，这就是一种让人望而畏之的“威”；但任先生只要知道是他的员工，一定会主动上前打招呼，这就是“不猛”的气度。

“威而不猛”才能后劲十足，令团队发展细水长流。

孔子的“五美”，实际上概括了团队建设的各种阶段。

组建团队之初，管理者不妨“诱之以利”，但要“惠而不费”，吸引各路人才加入；开始筚路蓝缕之时，应该使下属“劳而不怨”，让人才各逞其才、各展所长；开始盈利之时，管理者“欲而不贪”，多想想下属的功劳，多想想自己的初心；团队兴旺发达、声誉日隆，应能“泰而不骄，威而不猛”，如此方能令事业长存、更上一层楼。

《易经》四个字，道出你的事业四境界

元、亨、利、贞，就是天地变化的规律，也是《易经》中最常见的四个字。读懂这四个字，便知《易经》如何经世致用。

《易经》难懂，但并不神秘。《易经》里面有四个字最常见：元、亨、利、贞，比喻一切事业历经的四个阶段："元"是起始，"亨"是发展，"利"是收获，"贞"是总结。

那么我们如何把握这四个阶段呢？简而言之：以仁心开启事业，以制度管理事业，以大义收获成果，以真知巩固成果。

元：仁者初心，是最好的开始

事业要有好的开始，初心须发乎仁念。仁人者，以利益社会的角度出发，而不单纯为追名逐利。

2016 年在乌镇召开了世界互联网大会，小米 CEO 雷军说，他已经不看重第一了，在小米内部讨论最多的是如何"回归初心，感

动人心”。在他心中，小米创办时的理念是把消费者当朋友。只有为朋友着想的企业，才是真正得人心的企业。

仁者从来不需要大张旗鼓地宣传自己的仁念。因为他们的仁心，自可通过他们的事业传达到社会的每一个角落。

亨：规范制度，方能事业亨通

要想事业亨通发展，必须以完善的制度治理企业，如此才能迅速成长。

华为作为中国高科技企业的代表，其地位就是来自于企业内部完善的管理。业内流传着一句话：“向小米学营销，向华为学管理。”华为之所以成为企业管理的典范，是因为他们在事业早期即有《华为基本法》。有了《基本法》作为制度，企业行动才有根据，商业扩张才有分寸，华为才得以成就今日。

制度不是一开始就完善的，只能通过在发展中摸索，逐渐达至促进事业的效果。

利：以义为利，方能收获富足

当事业发展到该收获果实的时候，应以大义处之，而不是要弄手段，损人利己。

李嘉诚经常说一句话：“不义而富且贵，于我如浮云。”李先生一生浮沉商海，经历无数大风大浪，靠的是一个“义”字：“一生之中，我还没有强迫收购过一家公司。到今天为止，我所收购的公司，都是友好的，大家好商量。”

不义之财不能久享。小义则聚小利，大义则聚大利。而巨义如李嘉诚，则聚六十年之商业帝国而不倾。

贞：总结智慧，方能事业常青

事业成就以后，如果不注意总结智慧，巩固成果，则所谋之事终不过是昙花一现。

“经营之圣”稻盛和夫二十七岁创立陶瓷公司，五十二岁创立通讯公司，这两家公司都在他有生之年成为世界 500 强企业。晚年他被请出山，成功地挽救濒临破产的航空公司。

为什么他能够在完全不同的事业都有重大成就呢？他的经营智慧仅四字而已：“敬天爱人。”他说：“揭示崇高的理想，激发团队的活力，并且获得上天的力量，才能促使企业成长发展。”

经营者时刻注意总结智慧，则无论他从事的是何种行业，都可以预见到他的成功。

现代商业瞬息万变，恰如易道变化万千。但是《易经》中留下来的智慧，“元”“亨”“利”“贞”，细细思量，对经营管理的裨益极大。如此，方为经世致用之道。

如何读懂“上善若水”里的七层含义

“上善若水”语出老子的《道德经》，指的是最高境界的善行，就像水的品性一样，泽被万物而不争名利。

“水”对老子而言有“七善”:“居善地，心善渊，与善仁，言善信，正善治，事善能，动善时。”也折射出为人处世的“七智”，做到这七条，方能和水一样“不争，几于道”。

居善地，找到适合自己的定位

“居善地”意指善人居所如水般顺应自然，善于选择地方。找到适合自己的定位至关重要，因为自己的才能、个性、个人价值观与社会价值观是否相容，是我们在选择人生站位时要重点考虑的问题。

如果没有认清自我，定了错误的或者违背本心的人生目标，则会给人生带来很大的负面影响。

心善渊，拥有清澈平静的心灵

东晋陶渊明曾写下一句诗："结庐在人境，而无车马喧"。在看透世俗纷扰后，他选择了遵从内心的高尚追求，毅然放弃官位，回到乡下，结庐采菊。因为他的心灵和深潭一样清澈平静，所以才不易受外界环境的干扰与影响。

反观我们也一样，要想在物质社会避免受到不良习气的污染和惊扰，则须保持内心的平和安静。心静如水，则能做到"无欲望则静止，静止则明朗"。

与善仁，与人交往要心存友善

"与善仁"，对待人应该像水一样润泽万物，即对强者尊重，对弱者理解与嘉许。许多人对强者能保持足够的尊敬，对弱者却心有轻视；或者对弱者表示亲近，对强者却心存排斥，这不是真正的"仁"。

如果无论强者和弱者，我们都能待之以仁，就可得众之力，无所不成。

言善信，诚信是人之立身之本

"言善信"指的是说话像水一样堵止开流，善于遵守信用。商鞅变法曾立木为信，在百姓心里树立起了威信，从而使秦国迅速壮大统一中国。

要想在这个社会立足，则须做到"一诚天下动"，并时常谨记"轻诺必寡信”。

正善治，学会稳妥地掌控局势

“正善治”反映了水海阔天空、把握大势的气魄。三国曹操之所以能在官渡之战中以少胜多，大胜袁绍统一北方，其重要的一点就是曹操听从了谋士许攸的建议后洞察局势，最后精心谋划，纵火乌巢，从而彻底扭转战局。

想要把自身的能力和管理水平提升至更高的水平，就必须高屋建瓴，有条不紊地牢牢掌控局势。

事善能，要善于发挥才能处事

“事善能”指的是做事如水般随物成形，善于发挥才能。

在做任何事的时候，越是难事就越要将其简单化和间接化处理，把自己的精力充分嵌入事中，才能把才能发挥得恰到好处，结果也自然能够水到渠成。

动善时，做事要懂得把握时机

“动善时”指的是行动如水一样涸溢随时，善于顺应天时，懂得把握时机。而至于什么时候开始行动才合适，则取决于个人的眼光和阅历。

如果我们的眼光与阅历不够，要做到“动善时”就得向有经验的人请教，这不失为一个好方法。除此之外，抱着与人为善的想法去做，则大业可成。

为人处世应如水。人之所以有善恶之发，皆在于他能否体会这“水之七善”，等到这“七善”具备了，那么就定能做到“夫唯不争，故无尤”。

平和——最好的修养身心之道

北宋易学家邵雍曾说：“心安身自安，身安室自宽。心与身俱安，何事能相干。”从这句话中不难看出邵雍大师的平和之气，这对今人来说，无疑是一服安心良药。

平，意为“解恕和好”；和，意为“不刚不柔”。而平和，则是性情温和不偏激，安静，恭顺，谦逊。

平和，是一种风度

平和之人，无论他有多大的成就，也不会以身份来标榜自己或鄙视他人。他们不在乎名利得失，即使无为无功，也不因此堕落自卑。明代著名地理学家徐霞客便是一个平和之人。他一生纵情山水、且歌且行，与当时通过科举求功名的社会风气格格不入，但如此风度翩翩一生，也是极其快意潇洒呀！

欲得此风度，仅需常有平和之心，不以物喜，不以己悲，以自然诚挚之心来对待一切世事，快乐自然随风而来。

平和，是一种哲学

这一哲学并非只有圣人才能领悟，无论王侯将相，还是平头百姓，都是能将其顿悟于心的。有人说：人到了一定的境界，就能洞悉怒火中烧的可怕，暴跳如雷的可怜，趋炎附势的可悲，小人得志的可笑。

从另一个角度来说，在洞悉这一切之后，平和则能给予人一种安全感，因为它能将人的情感之河如堤坝豁开，与周边的一切保持同一个高度，谁也不会淹没谁。

平和的哲理就在于此，它保护了平和之人能够以最自然舒适的姿态在社会上立足，自由而无束缚。

平和，是一种品格

心态好的人，通常都是平和的，因为平和是一种品格，它能使初见者欣赏、久识者信任；友谊一点点增多，怨尤一点点减少。

“斯是陋室，惟吾德馨。”是刘禹锡在《陋室铭》的一句似是自嘲但实为乐观豁达的话，虽说屋子简陋不堪，但他的德馨满室，这就不失为一种富有了。拥有如此平和之心，故能“谈笑有鸿儒，往来无白丁”。

平和，是一种心境

禅宗六祖慧能大师曾说：“如来，如来，本来如是。”心中若是印有镜花水月，那么花香与鸟鸣就会很自然地涌入心间，这里所崇尚的便是一种平和的心境。

众所皆知，铁矿能炼出铁是因为它身含有铁，金矿炼出金是因为它本身含有金，硬要把铁矿炼成金，岂非妄想？

跟叱咤风云相比，平和是一种心境。人生的奥妙正在于此：跋山涉水尚可做到，无为反而艰难。而这种无为恰恰又是大作为。

只需谨记：静守心房，顺乎自然，无欲无求，每个人都有自己的“生物场”，场静，周围乱也变静；场乱，周围静也乱。所以佛家讲“境随心转”“心净则一切净”，这就是平和的修养身心之道。

庄子识人九法，看破一个人的本质

元朝戏曲《争报恩》中曾有名言：“路遥知马力，日久见人心。”如何超越人的表面而认识其内在精神，是每一个人需要钻研的学问。

庄子曾从九个方面，提出过一种有效的认识他人的方法，即所谓“九征”，遵循庄子提出的这九个标准，我们能够深刻地认识他人的性格和内心。

远使之而观其忠

远离一个人来观察他是否忠诚。忠诚，并不只是于家于国而言。在日常生活中，忠诚也意味着对他人能够做到坦诚相对，不坦诚的人不值得深交，坦诚的人即使能力不强，但也能让我们感到放心安妥。

近使之而观其敬

与对方近距离接触，观察他是否还能保持应有的敬重。能在密友面前适当保持形象之人，必是懂得尊重他人之人，这种人能够敏感地觉察到他人的喜怒哀乐，因此不会轻易侵犯到别人的利益。

烦使之而观其能

将一定烦琐的事情交托于对方，看其能否应对自如。尽管我们在生活中结交朋友并非都出于功利的目的，但对方如果不懂社会规则、不懂处事方法，则往往会累及我们自身，弊大于利。

卒然问焉而观其知

突然就某个方面的问题对其发问，从而观察其思想智识。办事能力是一回事，思路想法是另一回事。那种对任何事情都没有自己看法的人，不值得深交，他们只会人云亦云，因此未免会将自己的精神层次也一并拉低。

急与之期而观其信

与对方约定某事，看他能否遵守承诺。诚信是一个人立身处世的首要原则，那种朝三暮四的人，只知满足一己私利，而不知推己及人。若我们与这种类型的人交往，并将重任交托于他，有可能会满盘皆输。

委之以财而观其仁

给他们一点物质利益，去观察他的品德。在诱惑面前，控制不住自己欲望的人，不会是一个值得深交的朋友，他们可以随时为蝇头微利而出卖朋友，因此不啻于一个定时炸弹。只有在物质诱惑面前做到坚守己心，才能不负他人。

告之以危而观其节

将对方置于危急的境地中，去考察他的节操。在生活中，很多人一旦面对重大抉择，就会舍弃他人的利益而保全自身的安危，这虽然也是人之常情，但论及结交朋友，这种人切要避开。能在危机当中保持理性、保持品德，才是值得深交之人。

醉之以酒而观其则

与他喝一次酒，去观察他的为人原则。中国自古就有“酒品”的说法，其实酒品就是人品，能够在酒局之上保持原则、保持清醒，并谨言慎行，才是我们可以交往之人。

杂之以处而观其色

最后是要看他在不同群体、不同场合中待人接物的态度。

有些人往往人前一套，人后一套，不同场合可以说出大相径庭的话语，这种人尤其值得警惕。去结交真诚之人，有助于我们自己也养成表里如一的优良品德。

识人，说来容易做来难。忠诚、能力、智识、节操，皆须细致裁夺、深入考察。层层叠叠，叠叠层层。有此庄子识人九法，可以拨云见日、目及四方矣。

讲话三忌，不可不知

《论语·季氏》中，孔子讲了这样一句话："侍于君子有三愆：言未及之而言谓之躁，言及之而不言谓之隐，未见颜色而言谓之瞽。"所谓"三愆"，也就是与地位较高者谈话时最容易犯的三个错误。

孔子一生阅历颇丰，阅人更是不可计数，因而深知与人对话的种种讲究。他的总结无论古人今人，总是值得一听的。

言未及之而言，谓之躁

没轮到你讲话时，你抢着说，这就犯了"躁"的毛病。

孔子一日曾与几位侍坐的弟子闲谈，让他们谈谈志向。子路性子急，孔子话音未落，他就洋洋洒洒地讲了一大套。可子路万万没想到，他这一通情感流露，却让孔子转身就赏了他一声冷笑，这热脸可是大大地贴上了凉屁股。

孔子事后也解释了冷笑的原因——“为国以礼，其言不让，是故哂之。”不是说你讲得不好，而是你这沉不住气的劲儿，太不像样。

孔子一直强调“敏于行而慎于言”，遇事须机敏麻利、雷厉风行。可讲话最忌“抢”，一定要思虑清楚，等时机恰当，再慢条斯理地说出来。

急着发话，本就易失之慎重。即便话本身没什么毛病，若说话的时机不成熟，好话也多半成了坏话。试想，即便子路说破大天，师尊话音未落就抢将上来，任谁见了，不会先皱皱眉头，怪他失礼？

时机未到，急于言语，是为第一愆。

言及之而不言，谓之隐

说话时，就该大大方方地讲清楚。藏着掖着，反倒不好。

齐威王的谋士邹忌相貌过人。一天，他分别问妻、妾和访客：“我和美男徐公哪个更帅？”三人不约而同地说他更帅，可后来他一见徐公，当即自愧弗如。

邹忌思来想去，妻爱他，妾怕他，客人有求于他，当然会向着他说话。他尚且如此，威王身为一国之君，位高权重，想听真话，自然也就更难。

于是次日，邹忌便觐见威王，用这个故事婉言劝谏。威王心领神会，广开言路，齐国大治。邹忌的名声也传至今日而不衰。

若邹忌不言，则又如何？一来，他将坐失良机，错过了眼前的赏赐与信任；二来，久久无人敢劝谏齐王，国势日下，对他这个权相又有何好处？

员工该说话时不说，领导会怎么看？要么，别人说得透了，你无话可说，无能；要么，上下级彼此疏远，你或碍于情面，或藏着心眼，不肯跟我说真话，虚伪。于是乎，徐庶进曹营，一言不发，反而见疑。

自作聪明，语带隐瞒，是第二愆。

未见颜色而言，谓之瞽

孔子有训："夫达也者，质直而好义，察言而观色，虑以下人。"通达之人，必然具备揣摩他人言语、观察他人脸色的本事。不注意看情势说话的人，说好听些叫作昏聩，讲直白点，即睁眼瞎一个。

相传，一县官借寿辰之便邀名流赴宴，伺机敛财。一宾客借行酒令的当头，编诗讽刺："生得长臂两条，专把油水来捞。惯于挑肥拣瘦，也爱戳戳捣捣。本性儿贪得无厌，混得个油头滑脑，若得此君不干，除非它已吃饱。"

县官一听，登时红脸，场面一下子冷了。此时一举人插话："兄台的谜底可是筷子？"众宾大笑，尴尬立解。出谜的宾客借题发挥，固然伶俐。可县官也不傻，抖了这个机灵，早晚引火上身。

答谜的举人则真是有智慧。他看准了无人开口的时机，从容应答，既帮着席间一众度过了尴尬场面，又把目标转移给筷子，变相援护了出谜者，可谓谙通察言观色之术。

懂得察言观色的人，往往很少为说错话而吃亏。反之，若对谈话气氛视若罔闻，一味自说自话，轻则说不到点子上，重则说错了话遭人怪罪，这就得不偿失了。

不察人情，兀自乱语，是第三愆。

古今言谈虽然有别，但说错话便要得罪人，这道理从来未变。谨记“三愆”之道，既利于人们在交际中避免失言，亦让人学会审时度势，在最恰当的时间点说话，让小言谈获大成效。

人要活出格局

中国人在建筑上讲究大格局：门楣要高，屋宇要广，庭院要深，然后，杨柳堆烟，帘幕无重数。其实，这也是每一个人喜欢的人心的格局。

孔子也说：“君子上达，小人下达。”成就大事之人，不仅要“上”——高屋建瓴，俯察全局；更需“达”——洞悉世事，达于情理。一言以蔽之，能成大事者，一定是个有大格局的人。

而若要有大格局，归根结底，所需有三点：大眼界、大襟怀与大涵养。

高屋建瓴，是大眼界

农家出身的刘邦刚打进咸阳的时候，一见宫中财宝无数，便死活不肯走了。张良一见，赶忙忠言相谏。他明白，等刘邦成就了大业，这点财物根本算不得什么。但如若败坏了汉军名声，甚至消磨了刘邦称霸天下的雄心，那就大大不值了。

刘邦也从善如流，封了宫廷，向关中百姓“约法三章”，争取了民心，奠定了争霸天下的基础。而入关后先忙着敛财的起义军首领们，多半没混出什么名堂。

《论语》有云：“虽小道必有可观者焉，致远恐泥，是以君子不为也。”小事，小利也不是不值得重视，但选择不偏狭，不拘泥的着眼点，则是更重要的。站得高了，眼前的小情况就蒙不住双眼；看得远了，自然不会为一时得失盲目乐观，或妄自菲薄。

有大格局的人，首先须有大眼界。

海纳百川，是大襟怀

“夫仁者，己欲立而立人，己欲达而达人。”大的格局，来自大的包容。

世上找不到两个一样的人，正因为此，每个人才各有自己的独特之处。但恰恰因为人各有所长，你的长处才不值得引以自傲。因此，人的格局大小，往往不在于你身怀什么长处，而在于你是否看得清他人的长处，容得下他人的不同，并能跳出身份、地位带来的成见，既以冷静审视他人，又用胸怀包容他人。

在容人这一点上，“战国四公子”中的孟尝君无疑值得今人学习。

但凡投奔他门下的门客，无论擅长什么，他通通以礼相待。而他对门客们种种个性的包容也得到了丰厚的报偿。

他在秦国遇险，被秦王关押，便想找秦王的一个宠妾说情。宠妾同意说情，但要一件已经献给秦王的狐裘作为交换条件。孟尝君的门客中有位妙手空空儿，他偷出了狐裘，带给宠妾，孟尝君得以获释。出狱后，孟尝君连夜逃到函谷关，可守卫有规矩，偏要等鸡叫才开城门。这时，一位会学鸡叫的门客就发挥了作用：他一学鸡叫，引得关上公鸡纷纷鸣叫，守卫开门，孟尝君终于逃离秦国。

你心中所能容纳的人越多，能为你卖命的人也就越多。人若是襟怀太窄，容不得性格不同、地位有别的人，做人的格局就嫌小了。格局太小，自然做不成大事。

宁静致远，是大涵养

孔子讲："无欲速，无见小利。欲速则不达，见小利则大事不成。"该慢下来的事情，就必须慢下来，扎扎实实地做好。而养心与求知，恰恰是人生种种修行里最急不得的事情。心若随着权与利跳来跳去，不过徒然心烦而已。

宋代神童方仲永年少时业艺惊人，家家羡慕，可他父亲偏偏图他早赚名利，不让他静心学习，终日带他出席各种名流聚会，博取名声。就这样，方仲永的学养日退五尺，最终没能避免"泯然众人"的命运。

大涵养的积淀，绝非一朝一夕的事情，无论心智的历练，还是知识的学习，都不能急功近利、揠苗助长。唯心神宁定、厚积薄发，才是收获大涵养、大格局的正途。

眼界高了，襟怀广了，涵养深了，人的格局便大了。有了大的格局，才能心远天地宽。在千云万水间游刃有余，而又怡然自乐。

哪三件事会让职场人陷入困境?

千百年前荀子就曾在《非相》篇中提到“人之三必穷”：“为上则不能爱下，为下则好非其上，是人之一必穷也；乡则不若，偝则谩之，是人之二必穷也；知行浅薄，曲直有以相悬矣，然而仁人不能推，知士不能明，是人之三必穷也。”

荀子用此警示后人，如果不做好符合自己身份、地位的事，随意非议他人，自身浅薄却不自知，待人不尊，就会使自身陷入困境，要时刻谨记找准自己的位置。

上下相处之道：尊重

“为上不能爱下，为下好非其上”是指做了上级却不能爱护下级，做了下级却喜欢非议上级。

《孟子·离娄篇下》中孟子告诉齐宣王说：“君主把臣下看成自己的手足，臣下看待君主就如同腹心；君主把臣下看成犬马，臣下看待君主就会如同路人；君主把臣下看成泥土草芥，那臣下就会把君主看成仇敌。”上级若能爱护下级，关心其发展，通常也会换得下级的尊重。

能当上级者，必有过人之处。为下，虽不必事事恭听，但也不应背后评判、处处非议。如三国里，孔融自视望族，对曹操几次辱骂，飞扬跋扈，混淆是非。一代圣人之后，最后因语言不检点招来横祸。

敬人者，人恒敬之。上级礼贤下士，下级尊敬上级，将心比心，内外相依，上下相随，方有“礼”和“忠”。

同级相处之道：真诚

“乡则不若，偝则谩之”的意思是当面没有给他人好脸色，背后又毁谤他。

《菜根谭》中洪应明说：“不责人小过，不发人阴私，不念旧恶。三者可以养德，亦可以远害。”是说当面不责备他人小的过错，不乱非议他人可以不惹是非祸害。

世上没有不透风的墙，人生观千千万万，必不尽相同，若非议传入他人耳中，小则影响和谐，大则事事碰壁。遵循宽厚待人的原则，真诚待人，不抱成见，远离是非的旋涡，可避免自身越陷越深，工作受到冲击。

静坐常思己过，闲谈莫论人非。从管住自己的嘴开始，不伤人，亦会因此少受伤。

识人待人之道：谦虚

“仁人不能推，知士不能明”意为知识浅陋，德行不厚，辨别是非曲直的能力又与别人相差悬殊，但对仁爱之人却不推崇，对明智之士却不尊重。

刘邦一介布衣，却能让张良、韩信、萧何为其所用。假若他傲慢地接见高阳名士，却不知改正，最后又岂能让这些名士心甘情愿地为其效劳？幸好他及时察觉自己出身布衣，明白与名士的差距，懂得与名士合作，才成就大业。

朱熹解释孔子的思想时说：“责己厚，故身益修；责人薄，故人易从。”这种宽厚待人、严于责已的思想方法和处世态度，今天仍然值得学习和发扬。

见识浅薄者容易自大自狂，若不能察明自身，提升自身素质，又对他人狂傲，无法结识有才干的能人，到重要关头，凭自己微薄之力，恐不足以担大任。近朱者赤，近墨者黑，首先要慧眼识人，提升自身眼界，对能力高于自己的人表示推崇。

纵横职场者，须深谙为人之道，摆正位置，身居何位就做好该位置的本分，避免卷入口舌之争；交往远近适宜，真诚谦虚，听善言，去浅薄，方可身在其中，固守自我，提高自我。

而荀子留给我们的尊重、真诚、谦虚，职场新人从此开始修炼，宽以待人，则必有所收获。

有哪些事，做多了没什么益处？

清朝重臣林则徐五十四岁的时候，写了一个“十无益”。

这“十无益”是林则徐半生经验的总结，直到今天看依然有意义。

一、存心不善，风水无益

古语说：“人善人欺天不欺。”心存善意的人，走到哪里都有天助，就好像带着最好的风水。

若存心不善，却想通过改变外在环境让自己的人生变得风生水起，让卑鄙成为自己的通行证，无论如何都是妄求。

二、不孝父母，奉神无益

《论语》有云：“孝悌也者，其为人之本欤。”父母爱子女，是本能，不独人有，连禽兽都有。子女爱父母，是数十年来与父母朝夕相处的情感积累，是人所独有。

如果对父母不孝，就不是一个合格的人。即使对神虔诚，神明也不会保佑这样的人。而最好的奉养神明的方法，其实就是奉养父母。

三、兄弟不和，交友无益

《诗经》有言："凡今之人，莫如兄弟。"对于许多人来说，兄弟是自己人生中第一个合作伙伴。除了父母，就数兄弟姐妹对自己最知根知底了。

一个人如果对自己的兄弟都百般算计、猜疑妒忌，则对朋友也一定怀着鬼胎。不处理好与自己兄弟的关系，也不要指望他能处理好与朋友的关系。

四、行止不端，读书无益

欧阳修说："立身以立学为先，立学以读书为本。"读书的最终目的是增加自己的学问修养。

但如果单纯为读书而读书，读书给人看，则反而成了一种炫耀的资本。读书读成了盛气凌人、自恃才高，反而无益。

五、作事乖张，聪明无益

在社会上做人，是什么身份就有对应的外在礼仪、行为方式。"作事乖张"就是说为了引人注目或者特立独行，故意打破规则礼仪。

这样的人很聪明，智商可谓不低。而没有情商作为支撑的智商，难有多大作为。

六、心高气傲，博学无益

"满招损，谦受益。"谦谦君子之道，从来都会得到世人赞赏。越有学问的人，越知道自己与前人的差距，虚心求进，因此越能谦虚做人。

若以博学做夸耀之本，心高自傲，咄咄逼人，则只能说尚未领略古人为学的最高境界。

七、时运不济，妄求无益

“穷则独善其身，达则兼济天下。”“穷”即是时运不济之时。运气也是一种实力，此时应该注重加强身心修养，提高自身实力，则时机自然会送上门来。

“妄求”即是乱求，孜孜以求本不属于自己的时机，反而忘了反身自求，此时即使得到了机会，也会很快失去。

八、妄取人财，布施无益

子曰：“不义而富且贵，于我如浮云。”君子爱财，取之有道。妄取人财，即是不义。无功受禄，中饱私囊，顺手牵羊，都是不义之举。

妄取人财，拿来布施，虽然名义上已经显得不贪心，但当初为何要以不正当手法获得钱财呢？于私德而言，已经有亏。不如凭借自己的双手勤劳奋斗，以善心布施，如此方能心安理得。

九、不惜元气，医药无益

孟子曰：“我善养吾浩然之气。”元气是精神丰富、正气充盈的内心状态，是人生奋发向上、积极进取的根源。

不惜元气的人，行的是匹夫之勇，以为自己力量无穷，却往往被各种外界力量摧折得元气大伤。元气大伤之后，寄希望于灵丹妙药救治，治得了标，但治不了本。治得了一时，治不了一世。

十、淫恶肆欲，阴骘无益

阴骘，就是积阴德之意，积小善而成大功德，防小恶以免损功德。但善恶都是做给别人看的，最可注意的是慎独。慎独之人，在没有人看见的情况下也能不做亏心事。

食色性也，但不可纵欲。如若纵欲过度，则会损害人的意志力、自制力，那是积阴德补不回来的损失。

为人处世，都知道少说话多做事才是正途。可是有时做得过头，大多适得其反。林则徐的“十无益”告诫世人：横冲直撞地做事，反而无益。

凡事三思而后行，不必急于求成。宁可少做，不可乱做。

有一种尊重叫守口如瓶

《摩诘经》有云：“防意如城，守口如瓶。”不让杂念侵扰内心，不让言语随口而出，是为人处世一大戒律。我们或许做不到防意如城，却应该警醒，有一种尊重叫守口如瓶。

守住了口，不吐露他人的秘密，也就守住了自己的品德。“定谋贵决，机事贵密”，不吐露自己的秘密，也守住了成大事的智慧。

在自己成功的秘密面前，要懂得缄默

你可能是一个能力过硬的人，在某一个领域里面终于做出了骄人的成绩。这时候，你会情不自禁地想将这些耀眼的荣誉坦露出来，跟身边相熟的亲朋好友甚至不认识的人分享，这是人之常情。但是，也许你忽略了很重要的一点，那就是每个人都会或多或少地对他人所取得的成绩感到嫉妒，这时候当他们看到这个人在四处炫耀自己的成就时，就会本能地对这个人产生反感。

因此，聪明人的做法应该是，取得了成绩以后，就默默地总结经验，以求自己下一次做得更好，没有必要四处炫耀。适当地保守自己成功的秘密，也是谦虚品质的一种表现。

在他人过失的秘密面前，要懂得缄默

每个人都会犯错，每个人都有机会看到别人犯错。对待自己的错误，我们可能会宽以待己；对待别人的错误，我们可能会严以律人，毫不犹豫地将他人的过失披露出来。但事实上这是一种很不明智的做法。正确的做法应该是反过来：严以律己，宽以待人。

当我们看到别人犯了错误时，应该心存善念，为他人的失误留点空间，宽容的环境有利于一个人心甘情愿地自我改正错误。学会保守他人过失的秘密，是尊重他人的一种重要表现。

在计划未来的秘密面前，要懂得缄默

有一句话叫作“计划没有变化快”，它包含了一个道理，就是当计划还没有变成现实的时候，它还仅仅是一个计划。一个计划要从空想变成现实，其间会经历各种各样的变数。

这就告诫我们，如果我们内心有了一个计划，那么最好的方法就是好好地将它保守于心底，不露声色地一步一步将它付诸实现，而不是第一时间把它坦露出来。我们鼓励人与人之间相互交流，但也要考虑到自我隐私和他人隐私的重要性。适当地保持缄默，培养守口如瓶的品质，是尊重他人也是尊重自己的良好表现。只有人与人之间多一点理解，多一点换位思考，世界才会变得更加美好。

为人有四重境界：谦卑、谦恭、谦逊、谦和

第一重境界：谦卑

谦卑，除了谦虚不自大，也有讨巧的意味，甚至会成为压制个性健康发展的隐形杀手。但在现代生活中，它不失为一种保护自己的有效方式，特别是在错综复杂的人际交往和形形色色的利益之争中。

在社会交往中，人们总是喜欢一种谦卑的交谈交往方式。三国刘备就不失为一个开明谦卑的君主，从他三顾茅庐诚心求诸葛亮出山便可以看出来，他根本没有居高临下的态度。

试想一下，一个人颐指气使甚至飞扬跋扈地与你交谈舒服些，还是战战兢兢、低眉顺眼地与你交谈舒服些？显然是后者，但是谦卑并不是卑微。

第二重境界：谦恭

谦恭比起谦卑，它有恭敬、恭维别人的意思，但这其实更接近于赞美。它是一个人内在品德和修养的高度表现，不因学问博雅而骄傲自大，也不因地位显赫而唯我独尊；相反，谦恭者学问愈深愈能虚心谨慎，地位愈高愈能以礼待人。它是人际关系润滑剂，当别人赞美自己之时，没有虚荣，而是继续把事做得更好；当别人做错事时，也不因此贬损他人。

第三重境界：谦逊

谦逊较前面两者更有一种低调的追求精神，而这一点往往就体现在学识上。谦逊的人不会因为自己学识渊博而话语浮夸、自以为是。世上没有人是什么都懂的，学问包罗万象，应该谦虚地向他人的长处学习，“三人行，必有我师焉”则很好地体现了这一点。

此外，谦逊，就要做到敢于面对并承认自己的局限和短板，多学别人长处，不出风头，只有这样才能修得真知、启迪心智。

第四重境界：谦和

谦和，是这四重境界中的最高阶。它所关乎的是除虚心外的和气、和睦、和善。谦和之人是至德之人，正所谓“道生于静逸，德生于谦和”。处在这一境界中的人总是友善的，他们会真诚地对待别人、帮助别人，甚至甘愿为了成全别人而牺牲自我利益。

战国时期的廉、颇蔺相如能够最终和解，不就在于蔺相如的谦和之心吗？无论廉颇如何百般为难蔺相如，他都能以天下为重，始终保持一颗谦和容忍的心，最终廉颇惭愧不已，负荆请罪，将相和成为千秋佳话。

保持谦和的心态，在为人处世中大有裨益，退能明哲保身，进能感化他人。修得谦和在，则能不烦不躁，一生都幸福自在。

这四重境界，人人都应至少领悟一二，而它们之间，其实并无多大差异。唯一不同的是，谦卑会让他人和自己相安无事，相处舒服；谦恭则让他人高兴，愿意接近你；谦逊让他人敬佩、敬服；谦和则是让他人感动、感念及感恩。

为人低调是一种绝学

《菜根谭》中有一句话:“地低成海，人低成王。”一个“低”字，演绎出了深厚的境界、风范、哲学。

李嘉诚曾给自己的儿子开出了一条训诫:“树大招风，低调做人。”古往今来多少成功者，都是从中领悟处世之道。

人生处世若懂得这一点，不论寒暑酷冬、南北东西、高低上下，相信都可以寻得自己的一番天地。

低调，是功成不居的莫测

“圣者无名，大者无形。”真正的强者总是莫测高深，不显山不露水，默默耕耘，苦心孤诣，直至成功。

甚至成功以后，这样的人也不喜欢张名扬利，而是继续探索，寻求新的突破，这才是低调的强者。其实做一个低调的强者并不难，甚至比做一个张扬的强者更为简单。

三国时诸葛亮对蜀国居功至伟，刘备本想以皇位相让，但诸葛亮谨守属臣本分，低调做人，而正是他的功成不居，让后人敬佩不已。

低调，是藏锋守拙的隐忍

为什么“鹰立如睡，虎行似病”？

因为真正的强者，总是喜欢藏锋守拙，待机而发，在别人面前表现出来的更多的是大智若愚、大巧若拙的一面。

往往低调的人，能处变不惊，目光长远，不急于一时，才能等到最佳的机缘，一鸣惊人。

低调，是居高位者的原则

低调的人，才高而不自矜，位高而不自傲。

一个人大出风头，就会招致打击；一个人过分追求完美，反而会遭到挑剔和批评。大多数人能够同情弱者，却敌视比自己强的人；能够认同踏踏实实做事的人，却讨厌那些张扬跋扈的人。

居于高位的人如果不能保持低调做人的本色，就会与他人产生距离感，地位越高的人，越应该保持低调做人的心态。

低调，是韬光养晦的智慧

低调是一种修养，是成就大事的一种方式。

盲目地张扬自己的本事，亮出全部的看家本领，正如技穷的黔驴，让真正具有本事的老虎一口吃掉。这些人往往私心杂念太重，名利思想太浓，如果事业不成，就可能会身败名裂。

而有的人却选择韬光养晦，不让自己的锋芒太露，自己的学识与能力不到，更不会轻易追求自己器量之上的名利，而是默默养深积厚，让每一次成功都水到渠成。

低调，是修身养性的境界

低调做人，还意味着你必须丢掉一些东西，比如身份感、优越感、尊贵感、荣耀感等。

低调，不是压抑自身的欲望，而是自然而然修养品性，“路径窄处，留一步与人行；滋味浓的，减三分让人尝”，能为他人着想，能顾全大局，能合作共赢。更进一步，让自己拥有超脱欲望、淡泊名利的胸襟。

如此，方能看到更高的人生境界。

古代家具，是文物，也是文化

中国古典家具是中国传统文化的艺术瑰宝，是蕴含着独特意趣的文化精粹。人云“器物有魂魄”，万千器物，都蕴藏着匠人寄托在其身上的神韵和灵魂。

中国古典家具种类繁多，不管是花样缤纷的椅凳、古朴典雅的床榻，还是用途繁多的案几、储衣纳物的箱柜，无不体现着中国人的文化精神与情趣。

椅凳：礼仪待人

儒家学说提倡礼仪待人，崇尚端雅的行为举止，而这种文化和审美观在中国古典家具，特别是椅凳类家具的布置格局和构造制作上明显体现。

古人生活处处与礼为伴，因此，椅凳布置格局非常考究，如《礼经释例》中载："室中以东向为尊，堂上以南向为尊。"在椅凳类家具陈设方面"文左武右""以东为左、为上""男左女右"等观念充分反映了礼的规范。根据身份的尊卑贵贱、等级和地位的不同，所使用的坐具品类和方位也有所区别。

椅凳的构造上也充分反映了礼的规范。比如清代的太师椅，靠背、扶手与椅面呈九十度直角，中国人讲究坐的姿态。这太师椅正符合中国人"正襟危坐"的礼仪要求，使人们自觉成为克己复礼的实践者，也是符合中国文化精神和审美取向的一种姿态。

箱柜：中和之道

中国人在性情上追求中庸，在审美观念上推崇"平实""和谐"，这也成就了中国古典家具温润而厚重、中庸而平和的品质特征。

柜类是家具中的又一大类，有顶箱柜、圆角柜、画柜、五屉柜等。箱柜的中和之道，体现在不同材质的相宜并用。比如明代的铁力木圆角柜，整个柜子以铁力木为主，门板五抹四段芯板均为瘿木镶嵌，体现了不同材质的美感。强调"违而不犯，和而不同"。造物中能够取长补短、兼容并蓄。

在造型设计中也讲究中和，如明代圆角柜，多以线条柔缓的曲面造型，少有坚硬的棱角，与中国人中庸而平和的品格相互呼应。其柜柱脚也相应地做成外圆内方，呈现中庸方正的理念。结构的设计复杂而精巧，使得一切榫卯结构都不外露，充分表现了儒家的道德礼仪教化和含而不露、沉静内向的审美特征。

床榻：天人合一

古代中国人非常认同天与人的和同关系，无论是绘画、建筑、园林、雕塑，还是家具，人们的造物活动中都会映射出天人合一的观念。

中国传统家具对于天人合一的追求，主要体现在对自然事物的运用上。在床榻的用材上讲究天然的优良木质，突出木质的自然纹理；在装饰工艺上，其内容也均取自大自然的万物，如花鸟虫鱼、飞禽走兽、山水树木。强调美从自然来，主张从自然中获取灵感，以自然为审美的最高境界。

此外，古人讲，床榻之侧岂容他人安睡？床榻是一个人的天地，天地透过家具理念将床榻之精神融入人心。

案几：文人闲趣

传统家具与古人日夜为伴，是人们生活方式的缩影。古代的桌案几按照其形制的不同、功能的不同，使用场地的不同，种类非常多，也正由此可见，中国古代文人的闲情逸致、喜怒哀乐。

配合弹奏古琴的家具有琴桌或琴几，琴桌一般在桌面底部另镶挡板并镂孔，目的在于使得琴声在桌面下产生共鸣。古人对音乐的热爱不仅本于修身养性的需要，更是追求艺术美的途径。琴桌多造型简素、清雅，呈现明显的文人气质。

在室内焚香，人们通常将香炉置于专门的小几上，称为“香几”。形态婉转美妙，制作精良，装饰丰富，连同焚香一起，构成了明代文人闲赏生活中重要的一项。还有趣意盎然的棋桌、古雅的酒桌等，无不体现着古代文人优雅的闲情逸趣。

无论是简洁的造型、挺拔的线条，还是散发着自然纯美的木质纹理，中国传统家具都蕴含着中华博大精深的传统思想和文化内涵。有人说，古典家具是中国传统文化最好的载体。承载着中华几千年来的文明，流淌着华夏名族谦虚礼让、坚忍不拔、和谐秩序、寓意深远的的精神境界。

做人当为君子，君子亦如竹

早在《诗经》中，古人见竹疏朗潇洒，便想起君子。欧阳修也言:“竹色君子德。”古人以竹追思君子，见竹如见君子。郑板桥一生，更是痴竹如命，置身竹林，宛如与君子做伴，以此勉励自身。世谓竹如谦谦君子，君子之姿，亦是竹之姿也。

虚怀若谷，中通外直

唐代张九龄亦咏竹，称“高节人相重，虚心世所知”。

刘禹锡在《令狐相公见示赠竹二十韵，仍命继和》中亦以竹比喻君子胸襟：“峻节可临戎，虚心宜待士。”意思是那中空的竹心恰如礼贤下士的谦虚襟怀。

竹，不仅外表刚直，更有容纳百川的开阔胸襟。

吾生有涯，而学无涯。三人行，必有我师焉。君子不耻下问，充盈自身，与竹之中空一脉相承。

苦节自珍，雨过无尘

语出周天侯的《颂竹》：“苦节凭自珍，雨过更无尘。岁寒论君子，碧绿织新春。”传达出君子为心中的志向至死不渝，任尔东西南北风，却不改初心。

孔子亦云：“君子固穷，小人穷斯滥矣。”意思是君子即使陷于困厄的境地，仍旧固守自己的志向、坚持自己的追求。而小人遇到困境，就会肆意胡为。困苦袭人，君子如竹，虽劲风摧残，却不留风的痕迹，不改其貌。

三国时，关羽身在曹营，借竹向曹操明志，表示自己对刘备的忠心，决不易主。他无须钱权加身，聆听内心之声，是谓真君子也。

千百年来，竹仍是竹，君子的赤子之心也犹未改之。我心匪石，不可转也。

坚劲挺拔，气势冲霄

清代郑板桥痴竹如命，一副《墨竹图》，满图皆节，仅数片叶，坚劲挺拔，气势冲霄，身躯虽纤弱，却不为劲风所摧，始终坚韧挺拔，傲然直立。

竹，风骨也。天行健，君子以自强不息。君子如竹，精神硬如磐石，脊梁不屈如山脊。坚韧不拔，是不屈服，也是坚持。

古今精神坚劲之人比比皆是，当文天祥留取丹心照汗青时，谁可以说这不是君子风骨？当剑客十年磨一剑，此等坚劲又是何等可歌可叹！

君子傲风骨，有其咬定青山不放松的韧性与执着。

清华其外，淡泊其中

《集雅蔡梅竹兰菊四谱小引》云："文房清供，独取梅、竹、兰、菊四君者无他，则以其幽芳逸致，偏能涤人之秽肠而澄莹其神骨。"竹之清华淡泊，可涤荡人的三千烦恼，笑看风云变测。

苏东坡曾言："宁可食无肉，不可居无竹。无肉使人瘦，无竹令人俗。"苏东坡为君子，君子爱竹，因而两者有太多精神情感的触碰。

他一生以竹为友，看破浮云，隐逸自得，不趋炎附势，也不做无根的浮萍，淡泊名利，欢愉度日，活出了后人羡艳的姿态。

从放下开始，细数拥有，多不乱，少不忧，以君子之姿践行淡泊人生，亦是君子慎独的修行之一。

竹，君子也，由内而外。宋代姚勉谓："竹有君子操。"世间千变万化，社会瞬息万变，唯有竹精神，千百年来还掀起心绪中的阵阵涟漪。

当各种社会风潮都向我们内心袭来，仍愿此生为竹一般的君子，自有咬定青山不放松的不悔与执着。

为人处世最忌讳什么？

“法演四戒”道尽为人处世的真谛，成为一直流传下来的俗语。

后来，明代文学家冯梦龙在《警世通言》中也写道：“势不可使尽，福不可享尽，便宜不可占尽，聪明不可用尽。”

凡事不可尽，若悟得此四戒，弓不拉满，势不使尽，懂得事事有度，必有所益。

势不可使尽，使尽则祸必至

孟子曾言：“古之贤王好善而忘势。”意思是古代的贤君好善而忘记自己的权势，而被视为贤君。势倾天下者，但凡仗势欺人，大多没有好下场，势尽则祸至。

伍子胥的故事诠释了此理。为报杀父杀兄之仇，他在吴国大败楚军后，楚平王虽死，伍子胥“乃掘楚平王墓，出其尸，鞭之三百”。

此时他得吴王重用，身拥大权，好友申包胥劝说：“您也曾是平王的臣子，今日竟侮辱死人，难道不是违背天理吗？”但伍子胥不顾对其残暴的劝说，只说自己必须倒行逆施。他最终也未得吴王重用，死后被吴王下令用鸱夷革裹着尸首抛弃钱塘江中。

因果轮回，伍子胥的下场悲凉，但也与他当初待人手法相当。势不可使尽，山水有相逢。

福不可受尽，受尽则缘必孤

曾国藩家训中有一言，傲为凶德，惰为衰气。二者皆败家之道。戒惰莫如早起。戒傲莫如多走路，少坐轿。此举可谓福不可受尽也。

福，在佛学中是福报、福德之意。若不守戒律，福德如流沙，会随风散尽。古谈积累福德，曾经提到了上供、下施、持戒与发善愿。

上供，是肩负起自己的责任。父母在侧，以心为炉，供养二者。

下施，乐善布施。如玄奘，上至路人，下至蝼蚁，皆以爱人之心待之。

持戒，守持五戒，时刻以不杀、不盗、不邪淫、不妄语、不伤身来勉励自身。

发善愿，则是由衷地为别人做了善事而快乐，如同自己也做了充盈自身功德的好事。

话不可说尽，说尽则人必易

佛法中有“爱语”一词，意为慈爱的语言、态度和表情。法演法师强调一个恰到好处，好话不可说尽，不然有不可信任之疑；坏话亦不可说透，不然日后没有扭转的余地。

明太祖朱元璋的两个少时朋友曾去面见他，想谋一官半职。

一人直言："还记得一起割草的情景吗？我们在芦苇荡里偷了蚕豆，没煮熟你就抢豆子吃，把瓦罐打破，豆子撒了一地，你忙抓一把塞到嘴里，被草根卡住喉咙，直翻白眼……"朱元璋立即下令把此人杀了。

而另一人却说："想当年，微臣跟随陛下东征西战，一把刀砍了多少草头王。陛下冲锋在前，抢先打破罐州城，虽逃走汤元帅，却逮住了豆将军……"朱元璋心花怒放，封其为将军。

人情留一线，日后好相见。话留三分不点透，才有余情可谈。

规矩不可行尽，行尽则人必繁

历朝历代，无规矩不成方圆。但规矩过度苛刻，亦会使重压之下必起反抗。

一代名臣商鞅，最终不得善终，死于残酷刑法车裂之下。其制定的刑法轻罪重罚，非常严苛，如百姓违犯法律规定，在路边倒垃圾，就要被砍去双手，盗窃牛马者要处以死刑。史书记载，商鞅一次在渭水边处决了七百多人，渭水为之变赤。

不仅如此，"连坐法"的推行以及轻罪重罚、征收户赋、劳役沉重与"燔诗书"等法令一起，戒律森严，法不容情，刻薄寡恩，以致人心惶惶。

摸着石头过河，法严有度，才可称之为好的规矩，若事事按规矩行尽，就会掉落死板不变通的洞穴，亦会丢掉民心，因而秦朝人民起义，百姓不满，在严酷统治下结束辉煌。

李密庵在《半半歌》中曾言："饮酒半酣正好，花开半时偏妍。"酒至微醺，花开半朵，是恰到好处的趣味，道破了人生交际处世的真谛，林语堂先生亦评此诗是中国人所发现的最健全的理想生活。

想来，不偏不倚，张弛有度，为人处世可恰如其分矣。

欲成大器，先修"不器"

"君子不器"语出《论语·为政》，言简意赅，而意蕴深邃。有人说，这四个字，道出了儒家栽培头等良才的奥义。

历代儒学名家对这四字始终未存定论，却始终议得起劲、论得热烈。

这话里，究竟藏着何种玄机？

事事涉猎，君子之才不器

理学大家朱熹在《论语集注》中讲："器者，各适其用而不能相同通，成德之士，体无不具，故用无不周，非特为一才一艺而已。"

这大致是说，作为器物，只要精确，完善地发挥各自的功能，就可以了。但说到君子，则不能满足于此——须事事涉猎，事事研究，不能上来就觉得自己只能专精于一行，其他的事情就甩手不做。

于公，君子兼通数术，一专多能。既便于与具备其他专长的人交流，促进合作；又能在独力工作时多储手段，广开思路。技不压身，此之谓也。

于私，君子兼通数艺，博闻多识。华夏自古不缺兼擅他艺的风流人物。在本行之外，多学几门修身养性的业艺，既能让人光彩照人，魅力四射，又丰富了内涵，这也是"不器"于今人的一大好处。

通达权变，子之行不器

孔子是个有趣之人，在论及齐国名相管仲时，他老人家的态度就更有意思了。

众所周知，老人家半生游历（流离），正是希望以一己之力匡正"礼崩乐坏"的世道。知其不可而为之，很有些死硬派的味道。

有人不满管仲不为旧主殉死，"投敌变节"做了宰相。不过貌似死硬的老夫子，却有另一番见解。

“管仲帮着桓公称霸诸侯，匡正天下。没有他，我们如今怕要折在异族手里，随着他们披头散发，掖反衣服，‘礼’又如何保全？要是管仲当年也如一小民，不声不响地拣个山沟一死了之，那还成话？”

孔子心中的君子，须有入世的心态、治世的本事。不肯跳出成规，不懂得因势利导、因地制宜的人，显然够不上格。所谓君子，该通达时须懂得权变。至死而不悟，便阻于滞涩、失之灵动了。

心怀天下，君子之思不器

人人都有自己俯仰生息的人生道场，但因每日栖身之所、劳身之务、投身之志皆千差万别，各人的视角都难免偏狭。“不器”正是要求人跳出此境。

“跳出偏狭”有两途——一是对大局势的敏锐洞察，二是换位思考的“同情”之心。“隆中对”的两位主人翁正是对“君子不器”两层意蕴的绝佳诠释。可二人虽然同为入世，入世的法子可大不相同了。

没有人比孔明更明白大局着眼的重要。自孔明出山之日起，便日日教玄德兼顾全局、大处着眼。由是，便有了弃中原、入川蜀的战略部署，也才于式微中成就了三足鼎立的颉颃格局。

玄德的一生则是“不器”的另一种写照，即“同情”。玄德并非胸无城府之人，但人人道他仁德，人人信赖系之，正是由于他最能体察他人的心思，懂得如何关怀他人，让人心悦诚服。

君子曰:“大德不官,大道不器。”若希望在人生一世俯仰自由,则须于成规中寓机变,自百艺间采众长,临末节际窥全局。

鉴于此,老夫子的“不器”之道,正可谓经久不朽的修身之箴言。

惊艳华夏,这才是汉服的正确打开方式

中国有礼仪之大,故称夏。有服章之美,谓之华。华夏的祖先们,以衣冠上国、礼仪之邦自居。一件汉服,被赋予了多少的意涵。

汉服既是“古装”,但又不是“古装”,汉服指的是自“黄帝垂衣裳而天下治”而始,止于清代“剃发易服”,绵延数千年间,汉族与其前身华夏族所穿的服饰。

今天我们谈复兴汉服,并不是为了取代现代方便、丰富的服饰,而是要以此为载体,去唤起祖先留给我们的那些优秀的文化。要知道,即使是一件简简单单的服饰,也蕴含了我们祖先许许多多的哲理与追求。

上衣下裳,天地阴阳

上衣下裳,即衣服分为上下两部分,这是汉服最古老且始终贯

彻的服制。我们经常见到的那种看似上下连在一起而达到“被体深遂”的“深衣”，其实也是分为上下两片拼接而成。

古人执着于此，主要是古人认为天地二极与阴阳二者彼此间有着许多的牵连。比如荀子便认为“天地合而万物生，阴阳接而变化起”，也就是说天地相合而产生万物，阴阳二极相接而使万物发生变化。而“深衣”分为上下两片，代表着天与地，阴与阳，拼接在一件衣服之上，则意味着相合与相接。

衣服的上片由四块布拼接而成，意味着一年之四季，其下摆则由十二块布拼接而成，代表着一年的十二个月。

圆袖交领，天圆地方

古代中国人普遍认为，天是圆的，而地是方的。汉服的袖子皆为圆袖，意为天道圆润。汉服的领子的特征则是“交领右衽”，就是衣襟向右掩，深衣的衣领交叉呈字母 y 形，所形成的矩形直角，则意为地道方正。

《孟子·离娄上》云：“不以规矩，不能成方圆。”古人赋予了汉服天圆地方的含义，是要让每一位穿上汉服的人，都能时刻牢记，做人需懂得规矩。上至治理国家，下到为人处世，皆须尊重他人、约束自己，这是古人在每天所需要穿着的衣服中对自己的一种鞭策。

中缝垂带，人道正直

汉服深衣在其衣裳背部的正中间，有一条贯穿首尾的缝合的线，叫作“中缝”；并且，当你穿上汉服站直时，中缝与地面是垂直的，古人谓之为：正直。

刚正不阿，为人正直，是古人对君子的基本要求。衣服上的这条中线时刻提醒人们应当抬头挺胸，做一个堂堂正正的人。而下垂直至脚踝的衣带，亦代表着正直之道。

孔子曾感叹："微管仲，吾其披发左衽矣。"古人对于衣冠的重视，甚至上升到民族与文化认同的高度。

一件简简单单的衣服，寄托着古人修身的诸多理念，今天我们谈复兴汉服，并非为了标新立异，也不是一味地追求复古，我们想做的，仅仅是让我们对得起民族的名字——"华夏"二字而已。

《易经》，学这一卦就够了

谦卦是《易经》中最特殊的一卦。

《易经》共六十四卦，每一卦皆有其卦德，每一卦德皆吉凶相随、祸福相递，没有绝对好的卦象。可是谦卦的卦德六爻皆吉，被奉为企业管理者最需具备的素养。

以卦象论，谦卦的特点是地在山上，是"空谷藏锋"之象，远观之是一马平川的大地，走近看却隐藏巍峨耸立的山峰。这正象征着谦谦君子的品格：自强而示弱，示弱而有终，有终而劳谦。

谦谦君子，自强而示弱

一切企业都包括四种人：自弱而示弱者，自弱而示强者，自强而示强者，自强而示弱者。第一种是初进职场的新人，兢兢业业，诚惶诚恐。第二种是小人，狐假虎威，其实外强中干。第三种是业绩大牛，但虚火过剩，容易刚愎自用。第四种人才是管理担当，勇于说出自己“不知道”，平易近人，谦虚审慎，从善如流。

企业的命运常常在于选择适当的策略。只有谦谦君子当管理决策者，才能如大地一般，以卑下的姿态收纳广大的视野，为自己的团队指明前进的方向。

只是示弱当然不够，谦谦君子，还须有终。

谦谦君子，示弱而有终

“亨，君子有终。”终是目标、终点之意，是决策者内心中持守的一份信念。这正是谦卦地中之山，是不可动摇的棱角。没有信念者，只是骑墙的小人；小人的谦虚，只是虚伪。

没有目标而失败，有目标而复兴，中国台湾橙果公司蒋友柏先生的创业路完美地诠释了这一至道。蒋友柏是蒋介石的曾孙，现代版没落的王孙公子。他的朋友评价说：“他是一个能弯腰的老板。”开创设计公司之初，他连要做什么都还不知道，公司苦撑了几年后终于困难重重。到了公司快倒闭时，他甚至以堂堂一米八五的身躯跪在地上求人收购。

后来他才领悟出以“大拇指策略”带领公司走出困境。“大拇指”即是主心骨、公司的定位，也即是蒋友柏心中的棱角，那座藏于深谷中的山。

经营者即使心中有那座山，创业路上一样尸横遍野。那是因为，君子自强有终，都只是理想，最终都要脚踏实地实现出来。

谦谦君子，有终而劳谦

“劳谦”之劳，劳心劳力之劳也。空谈误国，实干兴邦。治理国家如是，治理企业亦如是。谦卦之主爻在九三：“九三，劳谦，君子有终，吉。”开头劈下一个“劳”，老祖宗苦口婆心地强调：君子自强有终，那么就劳动起来吧！

有一位企业员工的一天是这么度过的：早上上班，发现大老板凌晨四点半给他发了封邮件。总裁十点回了邮件。副总裁十点半。总经理们十二点回复，讨论到下午三点，技术方案出来了。晚上十点，产品经理发出项目的详细排期。整个过程只用了十八个小时。

这家企业叫腾讯，这个大老板叫马化腾。马化腾有个自我评价：“对懂的东西，我可能说得多点，其他的事，我就不太知道怎么说。”谦谦君子，讷言敏行，吾志所向，一往无前。此之谓“劳谦”也。

经营管理常以成败论英雄，谦卦的智慧却告诉我们，谦谦君子无往而不利。真正的领袖，并不自矜功绩，而是以自身的谦和魅力，垂范下属，乃至于垂范社会。而不论管理者可以见多大天地，见多少众生，最终都不过是要遇见最好的自己罢了。

君子谦谦，那是企业管理的道德，也是一种修行。

博学而笃行，可以治天下矣

“博学之，审问之，慎思之，明辨之，笃行之”出自《礼记·中庸》，是其中治学的名句。

中庸之道，中不偏，庸不易。七分聪明属智慧，三分糊涂是从容。中庸属所讲诉的修身之道，在这五个步骤里逐步学习、渐渐收获。

博学：孔子也好学

博学者，广泛学习。三人行，必有我师。怀谦虚而学，益则有所得，损亦无所失。

《师说》中韩愈提到“圣人无常师。孔子师郯子、苌弘、师襄、老聃”，孔子知识广博，虚心向学，曾向郯子请教制度，向苌弘请教音律，向师襄学琴，向老聃学礼。闻道有先后，术业有专攻。博学广闻，不可不察。

儒可达理，佛能见性，道自逍遥，生有涯而学无止境。博学之路，坚持不懈地前行，方知宇宙之大，免于坐井观天。

审问：沈括上下求索

审问者，详细提问，深入探索。学与问相辅相成，非学无以致疑，非问无以广闻。

学有疑不妨一问。沈括年轻时读“人间四月芳菲尽，山寺桃花始盛开”，非常不解：为何山下的花谢了，山上的花才开？上山求证之后才明白：山上的温度比较低，推迟了花期。沈括敢于发问，上下求索，最终留下《梦溪笔谈》。

审问，勇于对不明白的知识提出质疑，避免枯燥乏味，且透彻了解知识。学和问，是治学的初始阶段。博学审问源于求知欲望，垒砖砌瓦，学问初具雏形。

慎思：唐太宗慎刑复奏

慎思者，谨慎地思考。三思而后行，行必有方。

唐太宗从善如流，也重自省，怒斩张蕴古和卢祖尚之后，心中后悔不已，二人虽有罪责，罪不至死。反复思考之后，李世民的心里有了复奏制度的想法。推敲一番过后，他对大臣说：“我认为死刑是最重的刑罚，设置三次复奏，就是为了能够深思熟虑。”这也是周公提出“慎刑恤罚”以来，得以执行的一次。

意气用事，容易冲动；慎思者，往往用平和的方法解决矛盾。意气锋，易伤人；慎思温，养己身。

明辨：王阳明格竹终醒

明辨者，理智地判断。明辨方法颇多，可以沟通讨论，可以实践求知，既能检验正误，又能丰富知识。

阳明先生年轻时笃信朱熹“格物致知”之法，花了七天七夜时间“格竹”，以生病告终。王阳明与朋友讨论此事，醒悟过来，格物理论不适合自己。重新出发之后，慢慢走上立德立言立功的圣人之路。

明辨亦可修身养性。管子说：“不审不聪则缪，不察不明则过。”如果不认真分析、理智对待、仔细辨别、通晓道理，就会让人觉得荒谬，容易犯错。思和辨，是治学的中级阶段。慎思明辨，体会生活，领悟修身之道。

笃行：墨家侠行天下

笃行者，脚踏实地地执行。行，于责任而言是担当，于承诺而言是履行，于知识而言是探索。

墨家主张平等博爱，消除战争，并且默默践行这样的理念。墨家众人包括墨子，都会穿短衣草鞋，参加劳作。楚国攻打宋国，墨子得知后，出使楚国，说服楚王退兵，无兵马之费，化危机于无形。

笃行旨在求真，实践为心里的想法。墨子所行，无益于己，不求利；冒生死之险，不求名。置名利于身外，拥理想于胸怀，墨子为人，高山仰止。

笃行是学习的后期阶段，而不是终结。愈学愈觉学问宽广深厚，治学者往往入胜忘返。

治学之路，五步渐行，博学审问认知世间规律，慎思明辨修养自身品性，笃行实践心中所想。增长认知，静养自省，缓进养德，终可立己。

每临大事有静气，不信今时无古贤

诸葛亮在《诫子书》中有这样的表达：静以修身，俭以养德。非淡泊无以明志，非宁静无以致远。晚清著名政治家、两任帝师的翁同龢在一副对联中也有类似的表达：每临大事有静气，不信今时无古贤。

那么宁静为何能致远？平心静气能带来怎样的改变？下面三个故事也许能说明一定的问题。

宁静，是临危不乱的智慧

《三国演义》中“空城计”的故事大家耳熟能详。诸葛亮因错用马谡而失掉街亭，魏将司马懿乘势引大军十五万奔向诸葛亮所在的西城。诸葛亮身边没有大将，只有一班文官，他的军队只剩两千五百名士兵在城里。诸葛亮“乃披鹤氅，戴纶巾，手摇羽扇，引二小童携琴一张，于城上敌楼前，凭栏而坐，焚香操琴，高声昂曲”，借以退敌。

虽是小说家之言，也足以给我们带来深刻思考。诸葛亮面对危机，却焚香操琴，没有慌张。他安然自若而平静，迅速判断出对方主帅司马懿对自己的高估与不敢轻视，上演了一出化险为夷的好戏。

我们没有诸葛亮的智慧，但却要有面对麻烦的静心。“致虚极，守静笃”，“守静”是为了恢复心灵的清明，安静下来，梳理出最重要，也就是最根本的问题，其他的也就迎刃而解。如果不静心，只会让自己一直处在忙乱当中。

宁静，是游刃有余的境界

《世说新语》中有这样一则淝水之战中谢安的记载。谢安和客人下围棋，等待自己十万军队与前秦七十万军队作战的消息。一会儿他的侄子谢玄从淝水战场上派来的信使到了，他“看书竟，默然无言”，又慢慢下棋。客人问他战场上的胜败情况，谢安回答说：“小儿辈大破贼。”说话时的神色、举动和平时没有两样。

谢安在淝水之战前，曾与主帅谢玄反复谋划，分析双方的优势劣势，他从战前的“围棋赌墅”到战后的“小儿辈大破贼”，自始至终一直采取极为冷静的态度，这既稳定了人心，又对局面完全掌控。

常有人说，理想很丰满，现实很骨感。现实的骨感是因为朝目标前进的过程中，偏离了既定的轨道，到最后变成了无力掌控。如果内心不安静，怎么会抽丝剥茧寻找本质？又怎会考虑各种可能？平心静气处理好小事，面对大事就不至于慌乱；平心静气全方位分析，才能掌控局面，按照自己的计划进行。

宁静，是宠辱不惊的心胸

汉代刘向的《说苑》中有这样一则记载：楚庄王大宴群臣，一直喝到日落西山点上蜡烛，忽然大风，将屋内蜡烛全部吹灭。此时一名武将乘灯灭之际，拉扯楚庄王妃子的衣服。妃子折断了那位武将的帽缨，然后说将蜡烛点上，看谁的帽缨折断了。楚庄王却说："今日与寡人饮，不绝冠缨者不懽。"要大家全都把帽缨折断继续喝酒。后来，在一次生命危机关头，就是那位失礼的武将，拼着性命救出了楚庄王。

楚庄王的忍让原谅，来自于他在混乱情况下的安静，所以做出了正确的判断，掌控住了局面，所以他不仅化解了纷争，还赢取了人心。

在日常生活中，我们也会遇到许多突如其来的问题，如果忙乱应对，失了方寸，只会火上浇油，使问题激化。《大学》中有这样一句话："静而后能安，安而后能虑。"当众人都在纷乱中时，安静往往能让人快刀斩乱麻，平息纷争，化解矛盾。

任何社会都是复杂的，任何人都会生活在一定的麻烦之中，这常常会给我们带来紧张和压力。情况越是危急，事情越是麻烦，就越需要“每临大事有静气”的心态，只有这样，才能静心凝神，做到举重若轻。

事能知足心常惬，人到无求品自高

古语云：“不为物累，高风亮节。”什么样的人才会有高尚的品格？无所求的人。人格的伟大之处在于能超出欲望的需求而追求品德的完善。红尘浊世，多少人在功利得失的计算中不择手段、迷失自我！多少人在物欲虚名的追逐中，尔虞我诈，为人不齿！先人智者看惯了人世的浮华兴衰道出了“人到无求品自高”的哲思妙语。

“人到无求品自高”出自清代文学家纪晓岚先师陈伯崖的一副对联，意思是：人要做到了无欲无求，品格自然高尚。这里的“无求”，不是人生的不思进取和漫不经心，也不是心灰意冷和垂头丧气，更不是一筹莫展和难掩烦闷的消极态度和庸人哲学；而是告诫人们要摆脱名利情的羁绊和困扰，不必强求，有所不求才能有所追求。

人到无求，不被名累

“世上都晓神仙好，唯有功名忘不了。”世人往往为名所累，为名奔波，或阿谀奉承，投其所好；或欺上瞒下，巧取豪夺，种种手段，不堪入目。最后落得身败名裂、遗臭万年。

蜀相诸葛亮说：“非淡泊无以明志，非宁静无以致远。”无求就是一种淡泊，不为功移、不为名动的淡泊，面对复杂的人生，需要的是一无所求的淡泊。

“宠辱不惊，看庭前花开花落；去留无意，任天上云卷云舒。”人到无求就会宁静，就会剔除浮躁、摒弃杂念。齐白石说：“人誉之，一笑；人毁之，一笑。”人到无求，不被功名所扰，就不会被它弄得神魂颠倒，迷失本心，也不会被浮云遮望眼，一叶障目。

人到无求，不被利扰

乾隆皇帝下江南时，来到江苏镇江的金山寺，看到山脚下大江东去，百舸争流，不禁兴致大发，随口问一个老和尚：“你在这里住了几十年，可知道每天来来往往多少船？”老和尚回答说：“我只看到两只船：一只为名，一只为利。”一语道破天机。

除了争名，世人还往往为利所诱，为利可以忘本，为利可以忘祖，甚至有少数人为利费尽心机，坑蒙拐骗，出卖良知，利欲熏心，丧尽天良。

“得鱼固可喜，无鱼亦欣然。”一个人做到无求的时侯，就是放弃了心中的得失计算，清空了心灵里面的世俗生活积存下来的枯枝败叶。尝尽世态炎凉，却只道“天凉好个秋”。人到无求，得与失，去与留，甚至生与死，都能够置之度外，身内与身外，自身与万物，事实上已浑然一体、物我两忘！

人到无求，不被情困

“问世间情为何物，直教生死相许”，《神雕侠侣》中李莫愁反复吟诵的两句，也终于一语成谶。原本生性单纯、天真无邪的李莫愁为情所困、为情所苦，终于扭曲了人性，凶残异常，不可理喻。最后葬身火海，可惜可叹。

世人往往为情所惑，辗转反侧，夜不能寐。还有人为情虚情假意，鬼话连篇，骗取感情，甚至寻死觅活，打击报复。有的人一生恩爱、幸福美满，有的人则为情所伤，失魂落魄。

对情的执求，让人迷失本心，苦不堪言。人到无求就不会为情所困。无求，是一个人的智慧到了可以看淡一切的境界，“来去随缘，心无增减”。不因情感的去留而迷失自我，学会宁静，学会淡泊，无怨无悔地付出。

人要想对高尚品格有所追求，就必须摆脱功利与浮躁，不为外物所羁绊，不为浮云遮望眼，才能获得一种超然物外的自在与宁静。因为无所欲求，才能让我们的风骨刚劲挺拔、卓然屹立。

人生真正的滋味，是“苦”

人生有八苦：生、老、病、死、怨憎恨、爱别离、求不得、五阴炽盛。若将其熬成一碗药，良药苦口，未尝不能斩断前尘往事的孽与恨。

苦，是五味之一。佛将其撒于人间，或成《诗经·小雅》中的“其毒大苦”，又或是切身之感“心比秋莲苦”。苦难似乎每日如影随形，但苦口良药，无苦，又何来苦尽甘来一说？

《金刚经》中须菩提面对尘世之苦发问：云何应住，云何降伏其心？面对世间纷扰，若问如何脱苦得乐，唯“静”与“笑”攻克之，以“闲”纳之。

以“静”的心态处之

曾有一景：一个老翁独钓于江畔之中，天地苍茫，静到唯有雪飘落肩头的声音。

世人谓其孤苦伶仃，这孤寒之苦却也不过在旁人心中，他的心中亦可能有我们未曾想到的安逸，他于冰天雪地中怡然自乐，享受这垂钓之静。如心中有情，落花便有意，但花其实一直很安静，只是愁苦之人赋予其感时花溅泪之苦。

谈静，不免亦想起陶公，采菊后悠然见南山，再无车马声的喧闹。但昨日，他也曾为世俗名利之苦郁郁不得志。当静下心来，与自然为伴，结傲菊为友，清风携花香环绕，官场之苦已为昨日之恼。

静下心来，听听世界的声音，于静中，我们会听见真实的心跳声，手持利剑斩断愁苦，寻得一片桃花源地。

以“笑”的胸怀应对

笑自有李太白仰天大笑的狂妄，却也能执手于山间，与知己故人，清茶一盏，笑当年。

悠闲的笑是林和靖先生梅妻鹤子的舒坦。更能是我们某日故人具鸡黍的相邀，赴约途中一路看云卷云舒，听山鸟虫鱼之音，会心一笑。

纷扰袭人，以笑为盾，可挡去这八苦之痛。当现代人的心终日被浸泡在求不得苦的池子中时，当梦想被包装成欲望的样子放在可望而不可即的地方时，我们可卸去一身的焦虑，不忘初心，笑看这风云变幻，笑赞也曾努力过的自己。

若是夜夜只觉西风凋碧树，也可对这凉如水的天阶夜色展露笑意，为发现这自然的无常亦有常的惊喜感到愉悦。

以“闲”的境界容纳

闲，可谓闲适也。

面对生老病死之苦，可将自我置身于一个物我两忘的空间中，明白日升月落、四季轮回是生命必将迎来的宿命，生老病死也不过是人生常态。不必杞人忧天，亦不必惧怕即将到来的明天。

面对爱别离、求不得之苦，明白时代尚且合久必分，人又何须常被离别之痛折磨得死去活来？既然曾经拥有，缘尽于此亦是最美的结局。但若是求不得，也必将在另一处柳暗花明与我们相遇。

面对怨憎恨、五阴炽盛之苦，大多来源于佛法中讲到的“我执”。因为执念，生出了诸多心中的苦闷，人欲与生俱来，无法消除，但当放下执念，进入闲适之境，将苦痛全然吸纳却不为其所影响，就可与苦共生共长，以苦水浇灌，却长出坚强的根来。

今日，不妨把人生八苦都静静地放在心炉里熬煮，静心等待，坚信眼下之苦都不过像孟子所言：“故天将降大任于斯人也，必先苦其心志。”

待到山花烂漫时，为与八苦相遇相识相知而共饮一杯，庆贺明日即天涯，红尘做伴，潇潇洒洒。

人一生的修行，就在这三戒中

从古至今，无论是政治格局还是经济水平，还有人类的思想观念，都在发展进步中。唯一不变的是什么？人性！这一点上，今人与古人没有什么区别。孟子提人性向善，荀子谈人性本恶，实际上，人本身就是善与恶的混合体。

扬“善”容易控“恶”难，每一个年龄段都有各自要面对的问题。看看孔老夫子怎么说的。《论语 · 季氏》中有段话：“君子有三戒：少之时，血气未定，戒之在色；及其壮也，血气方刚，戒之在斗；及其老也，血气既衰，戒之在得。”

孔夫子没有恐吓人，他把人生分为三个阶段，并且说了每个阶段要注意的问题。这里面的“戒”，就今天来讲，不是完全断绝。孔子不绝情，“戒”完全可以理解为控制。

少年，血气未定，戒之在色

“血气”是什么？就是人的本能。从字面意思来看，年少的时候，血气还不成熟,要戒除对女色的迷恋。这句话的重点在“血气未定”上，守不住神，看见美色，自然把持不住，不想入非非才怪。

如果多一层考虑，“色”字可以理解为佛家所说的物质世界，是诱惑的一种。年轻人最重要的是面对诱惑能守住神。因为年少，看到什么都好奇，什么都想试试，再加上今天社会中处处充满诱惑，当“年少”碰上“诱惑”，不出事才怪。

孔子只告诉了我们要“戒”，怎么戒？还是应该从“血气”二字入手,钱穆先生说,“血气,人之生理随时有变者。戒犹孟子所谓持志”。用理性的志向去统率不确定的“血气”，才能控制生理欲望朝毫无节制的方向发展。青春肆意放纵是美好的，但没有立志努力向前也足以让人后悔。

中年，血气方刚，戒之在斗

壮年后，身体成熟，血气方刚，要戒除与人争斗。人到中年，经过多年打拼，早就脱去稚嫩，也有了事业与物质基础，同时，思想上也更成熟，自然会意气风发、舍我其谁。

李鸿章在《十律之一》中写道:“丈夫只手把吴钩，意气高于百尺楼。”在这种情况下，有不合自己心意的人或事出现，谁服谁啊？自然免不了争斗。凡是争斗,必然有胜负。胜利了还好说,失败了呢？人到中年，还有多少机会可以挥霍？

所谓“戒斗”，不是不去拼搏，而是指控制自身的意气或者火气，《后汉书·黄琼传》中说，“峣峣者易折”，刚直自负易遭诋毁，自身太强硬，对人对己都会造成伤害。如果与他人之间有矛盾争斗，倒不如退一步，取一个中间点合作共赢更为实际。个人能力再强大，离开团队也无用武之地，不去争斗，团结他人，才会走得更远，和气生财没什么错。

老年，血气既衰，戒之在得

等到老年，血气已经衰弱了，要戒除贪得无厌。人生到了晚年，就自身的自然生理规律来讲，“血气既衰”：就个人发展来说，一切的事业、地位、金钱都已到了顶峰。然而老年人最大的问题在于“得”，也就是到手的东西不松手。

郑板桥有首诗说：“由来百代名天子，不肯将身作上皇。”权位在手，到死也舍不得松手。金钱也一样，我们常见的是很多老年人越老越不舍得花钱，这不是节俭的问题，而是舍不得，总想把钱抓在手里。

其实，每个人从年轻时就应该培养兴趣爱好，哪怕是下棋、养花、钓鱼之类。这样到晚年后精神上才有寄托。真正戒除贪得无厌，是放下已经拥有的东西，将精神世界充实起来，这已经有点佛家的味道了。充实精神世界的方法就是有所爱好，在爱好中让心境平和，让情感有所寄托，见山是山见水是水才是真境界。

无论是儒家还是佛家，都在讲人生是一个不断修行、破除内心障碍的过程。年龄阶段不同，面对的问题也不一样。控制每个时期的不良欲望，少犯或不犯错误，让人生走向圆满，才是“三戒”的精髓所在。

做一个说话得人心的人

薛宝钗被称为《红楼梦》里最会做人的姑娘。荣国府人口众多、人际关系复杂、各种矛盾交织，薛宝钗却在其中左右逢源，以其独特的人格魅力和高超的处世艺术赢得了荣国府上下的交口称赞。

宝钗与惜春等人讨论《大观园行乐图》的画法时曾表示，“照样儿往纸上一画，是必不能讨好的”，“分主分宾，该添的要添，该减的要减，该藏的要藏，该露的要露”，这虽是薛宝钗对作画的见解，但却令人联想到宝钗做人的成功及其性情的含蓄、深沉。藏巧于拙堪称宝钗为人处世的策略和方法。

藏巧于拙，出自明代洪应明的《菜根谭》，即有才能而不显示出来。整部《红楼梦》，不管是日常琐事、分内事还是身外事，薛宝钗都一以贯之，从容应对。

藏巧于拙，是一种大智若愚的智慧

薛宝钗在日常处世时深得藏巧于拙的神髓。第二十二回，贾元春从宫里送出来个灯谜，除了迎春和贾环，大家都猜出了贾妃出的灯谜，可见灯谜之简单，宝钗却故作思量状，表示灯谜“难猜”，这正是宝钗一贯藏巧于拙、韬光养晦的作风。

在她看来，一下子猜着显得娘娘出的谜语没水平。于是她经过一番“思量”，遵太监之嘱，暗暗地将谜底恭写在纸上后让娘娘自验，样即给足娘娘面子，又让娘娘感知到自己的聪颖。

庄子云：“直木先伐，甘井先竭。”人生在世，宁可显得笨拙一点，也不可显得太聪明；宁可收敛一些，也不可锋芒毕露。锋芒毕露易夭折，深谙藏锋露拙之道，才更容易在纷纭人世安然处之。

藏巧于拙，是一种是非心外的宽容

在与人的矛盾面前，薛宝钗同样懂得藏巧于拙的道理，巧妙回避矛盾，再寻找合适的时机解决矛盾。第八回中，黛玉看到宝钗让宝玉温热了酒再喝，宝玉很听话，心中不快，借雪雁送手炉一事指桑骂槐，宝钗明知是在奚落她和宝玉，但“素知黛玉如此惯了，也不去睬她”。

宝钗对于林黛玉的琐屑繁复的猜疑中伤，采取的就是这样一种“浑然不觉”、装聋作哑、故作糊涂的姿态，钝化二人的矛盾。也终于在“金兰契互剖金兰语”一回中，主动以宽容之态使黛玉心悦诚服，追悔不已。

藏巧于拙是是非心外，是对小恩小怨的不执着、不计较，是心存忠厚，是体恤宽容。观世人，多对人斤斤计较，于自己得过且过，若世人都能换个视角，对自己多检点，对别人难得糊涂，则天下太平矣。

藏巧于拙，是一种置身事外的超然

在与自己无关的人事纠葛中，宝钗更是内敛、藏愚、退避的。

第二十八回，大家在王夫人处谈起黛玉的病，宝玉说只要给他三百六十两银子，就能替林妹妹配一料特效丸药。王夫人不相信，宝玉便说薛蟠也配过这个方子，并请宝钗做证。宝钗却连忙笑着摇手："我不知道，也没听见。你别叫姨娘问我。"

在贾府复杂的人际交织中，薛宝钗选择藏巧于拙、明哲保身。《诗经》有云："既明且哲，以保其身，夙夜匪懈，以事一人。"明智的人总是善于置身事外，保全自己。我们为人处世，行自己之路，有自我之格，有自善之准，适度超脱，并不逾越，自然也能置身各种纷扰琐屑之外。

薛宝钗凭借一种藏巧于拙的智慧，在贾府盘根错节的矛盾纠葛里，难得地保持了属于自己的人际和谐。

人行于世，再聪明也不宜锋芒毕露，不妨装得笨拙一点，即使非常清楚明白也不宜过于表现，宁可用愚昧来收敛自己，有时候，藏巧于拙才是立身处世的法宝。

钱是一味药，治病亦致病

《钱本草》是唐朝名臣张说写的一篇奇文,不到二百字,就把“钱”说透了。

张说才华横溢，历仕四朝，三次为相，但有个毛病——贪财。后来他遭弹劾入狱，被玄宗赦免之后，写下了这篇“罪己悟”:“钱，味甘，大热，有毒。偏能驻颜采泽流润，善疗饥寒，解困厄之患立验。能利邦国、污贤达、畏清廉。贪者服之，以均平为良；如不均平，则冷热相激，令人霍乱。其药，采无时，采之非理则伤神。此既流行，能召神灵，通鬼气。如积而不散，则有水火盗贼之灾生；如散而不积，则有饥寒困厄之患至。一积一散谓之道，不以为珍谓之德，取与合宜谓之义，无求非分谓之礼，博施济众谓之仁，出不失期谓之信，入不妨己谓之智。以此七术精炼，方可久而服之，令人长寿。若服之非理，则弱志伤神，切须忌之。”

此文真可谓言简意赅、字字千钧。钱，人人都喜欢它、追求它，更容易上瘾、痴迷。若要不被钱所害，我们有这“道德义礼仁信智”七术可依。

一积一散谓之道

钱守得住吗？佛经上说，财富为五家所有，“腐败的官府”“盗贼”“水灾”“火灾”“败家子孙”，这些总会取走你的钱财，无人可以长久持有。

钱当然也不可以挥霍，因为挥霍的下场无非穷困潦倒。财富如水，只有保持流通，有积有散，才是享用钱财之道。

不以为珍谓之德

钱怕谁？唯独“畏清廉”，清廉的人，不是自制力多强，而是不以钱为珍罢了。

东汉太守杨震，曾有人夜赠十金行贿于他，说：“现在是深夜，没有人会知道。”他却说：“天知，地知，神知，你知，我知，何谓无知？”，在他眼中，黎民、天地、本心都比金钱更珍贵，没有必要为了金钱，而忽略了更重要的东西。

取与合宜谓之义

子曰：“君子喻于义，小人喻于利。”何为义？义并不是与利无法共存，而是君子爱财，取之有道。来路不正的财富，“役神灵，通鬼气”，老天爷都会降罪。不一味地守财，也不一味地挥霍。将钱财赠与他人之时，也要态度恭敬，如此可算“合宜”。

无求非分谓之礼

弘一法师一双布鞋可穿二十来年，一把雨伞用了三十年，衣服、被子补了又补，是真正的百衲衣。若有人赠送他好的衣服或其他珍贵之物，他都转赠他人，他说："惜衣惜食，非为惜财而是惜福，自己福气很薄，无福消受。"

不求非分之财，也是如此。非分之财往往伴随着祸患，况且，不是你应得的，求也求不来，更不应为此自寻烦恼。

博施济众谓之仁

有人说"富在深山有远亲"，也有人说"财散则人聚"，乍看是相反的两句话，其实说的是一个道理，富在深山有远亲，或许其中不乏一些势利之徒，但如果能博施济众，把财散出去，这时候聚拢过来的人，则另有一种情义。

钱是一个很微妙的东西，传达了世俗人一切的情感、烦恼，就看你怎么用它。

出不失期谓之信

杨绛在回忆钱钟书的文章里讲了一件事：钱先生从来不借钱给人，凡有人借钱，一律打对折奉送。借一万，就给你五千，再加上一句："不用还了。"

钱先生的睿智，借给过别人钱或向别人借过钱的人都会懂，虽说借贷按时归还即可称之为"信"，但如无急事不向他人借贷，可算美德之一。

入不妨己谓之智

钱本无罪，也无药性。钱如毒药，病根在人自己身上。任何时代，任何人，都有追求物质生活的权利，这无可非议。不为钱迷、不被钱害，可算是智，这种智，是对钱有清醒的认知，认识到其价值，更知道其毒性，保持智慧，钱这味药就会保持良性循环，“久而服之，令人长寿”，反之，则会“弱志伤神”。

是药三分毒，而钱是一味药，我们只有将钱当作寻常之物对待，才不算辜负张说的一番苦心。

荣辱何足挂齿，一任烟雨平生

苏轼二十一岁入京参加科举考试，在欧阳修的推崇下，名动京城。三十四岁因反对王安石的新法，自请到地方任职。四十三岁因“乌台诗案”贬官至黄州任团练副使。五年后回京然后又到地方上任职。五十七岁时又被贬官至惠州。六十二岁再次贬官至海南儋州，这是仅次于满门抄斩的处罚。六十五岁去世。

单就个人事业经历来讲，还有什么比苏轼的人生更悲惨的吗？然而他留下的诗、文、词、书法、画，千年来却一直被后人交口称赞。

相比于苏轼，我们的失意又算什么？又该怎么看待这些失意？

乐观，面对风雨的良药

乐观心态是第一位的，“竹杖芒鞋轻胜马，谁怕？一蓑烟雨任平生”。在黄州，苏轼出游，遇到风雨毫不在乎，他说自己“披着蓑衣在风雨里过一辈子也处之泰然”。在荒无人烟的惠州，他说自己能天天吃到荔枝，“不辞长作岭南人”。人生风雨中，还能如此乐观。

暂时找不到工作、失恋、遭受批评，许多人会自怨自艾、感慨人生。苏轼却用乐观的心态来对待人生的低潮，在逆境中自得其乐。

所有的失意，不过是一个又一个难以解决的问题，你高兴它存在，难过它也存在。抱负可能因为外在条件无法施展，但不能失去对生活的热爱，上天不可能让我们一切都失去。乐观是对待人生风雨的良药。

豁达，万事不留于心

怎么才能乐观？得有豁达的心胸。世间的大事还有什么能超过生死？只要还活着，就没有过不去的坎。

贬官黄州都四年了，生活困苦又无事可做，有天夜里，苏轼看见月光照进门里，心里高兴，就去承天寺找老朋友张怀民一起赏月。为此他写下《记承天寺夜游》，他说，哪夜没有月光？哪个地方没有竹子和柏树？只是缺少像我们两个这样清闲的人。人生困局中，他还能悠闲赏月。万事不留于心的豁达，让他洒脱地看待是是非非。

条件允许，就往前走；不允许，就停下来看看风景。面对是非，很多人纠缠其中，跳不出自己给自己织就的网。豁达是要我们眼界开阔。视野狭窄了，看不到更大的天地。局限于小圈子，怎么能打开新的局面？做好一单业务，别人嫉妒说闲话，你去计较？如果计较，你和那人有什么区别？跳出来看别人的嫉妒，会发现那是极其可笑的事情，也就不会在纠缠中浪费宝贵的时间和精力，天地自然广阔。

信念，逆境中不失本心

乐观了，豁达了，还要做什么？坚守信念！我们的目的是成就美好人生。

许多人在人世的浮沉中，面对着欺诈、丑陋、诱惑，会自觉不自觉地浸染其中，年轻时坚守的崇高信念也会慢慢消磨殆尽，最终，变成了当初我们讨厌的人。坚守信念，在逆境中不失本心，或许当时是困苦失意的，但最终浮华会落尽，自身也会展现最本真的色彩。

苏轼在《卜算子》中，把自己比作是孤飞的鸿雁，它“挑遍了寒枝也不肯栖息，甘愿在沙洲忍受寂寞凄凉”。这是当时苏轼心境的真实写照，不单是生活困苦，关键是他的寂寞孤独无人能够理解体会。每个遭遇生活与事业挫折的人都应该能理解他的这种心情，然而苏轼的做法是“不肯栖”，面对种种困苦，他还是蔑视一切的流俗，坚守自己出淤泥而不染的高洁品性。

有什么比中年后屡遭磨难更痛苦的事？

苏轼却用乐观、豁达、坚守的态度让自己痛苦的人生变得熠熠生辉。每个人都会经历或大或小的磨难。一扇门关上不是问题，我们要做的，是让另一扇门外的道路变成坦途。在这之中，如果我们也能用超然物外的心态看待问题，用痛苦磨砺心性，一样会让生命蓬勃多姿。

曾国藩遇上王阳明，只能算半个圣人

有人说：五百年来，能把学问在事业上表现出来的，只有两个人：一个是曾国藩，另一个便是王阳明。

纵观王阳明的一生，少年立志，后获罪流放，却能孤身平复叛乱，兼济天下，创立心学，成为一代宗师。王阳明一生成就，从龙场悟道起，他悟出了圣人之道：天地虽大，但若一心向善，心存良知，虽凡夫俗子，皆可为圣贤！

他在《教条示龙场诸生》中写明，圣贤之路，唯有四事相规：一曰立志，二曰勤学，三曰改过，四曰责善。

立志

王阳明十二岁时在北京长安街街头散步，遇到一个大仙模样的人对他说：“你的胡子到领口时，进入圣境；胡子到胸口窝，结圣胎；胡子到小腹，圣果圆。”

翻译一下就是：你三十岁时可以在学问上有所成就，四十岁时可以有完善的思想体系，五十岁时可以将学问运用到事业上，人生圆满。

听了这段话的王阳明，后来说出了“天下一等事乃是做圣贤”，他从十二岁那年立下这个志愿，从未改变。在创立心学以后，他对立志也异常重视，他说：“志向不能定立，天下便没有可以做成的事。”

在王阳明看来，立志并非随意地定立志向，而是立下志向后，眼里耳里都只有自己的志向，内心永远专注于此，如此立志，方算立志！

勤学

立志，然后勤学，“凡是不够勤快的人，都是因为所立的志向不够深切”。

在王阳明的眼中，勤学不仅是品质，更是为人处世的态度。他说，世上有太多人，腹中空空，却装作很充盈；明明没有学问，却装得很有学问；隐藏自己的短处，嫉妒别人的长处。

天资聪颖的人，往往如此，依靠一点小学识自以为足够受用，这些都是心灵上的毒瘤，侵蚀得他们轻易被打败。只有勤学、谦逊的人，心中光明，立足长远，可以成大事、谋大业。

改过

人非圣贤，孰能无过？即使大圣大贤也会有过错，只是他们能改过。

王阳明有句名言："破山中贼易，灭心中贼难。"改过，改的就是心之过，许多人犯错不愿承认，就是迈不过心中的一道坎。他教导诸生，哪怕从前做过强盗贼寇，只要能完全除掉旧有习气，依然不妨碍他成为一个君子。

改过之人，最忌认为改过无事于补，信任也无法重修，便沉浸在羞愧猜疑的心理中，只有不因此自卑，才可以充分改过就善。

责善

王阳明说，改过有两种境界：一种是主动放下屠刀立地成佛，另一种则是被迫放下屠刀立地成佛。被迫，即是借助外力，君子理应规劝别人向善，这就是"责善"。

责善的要点在于"忠告而善道之"，尽心劝诫，态度委婉，被劝之人只有感激而没有恼怒。最忌极力指责，令其无地自容，更不用说那些以揭发别人短处来彰显自己正直的人了。

此四事规一脉相承，细说无非都是简单的道理，却往往被世人所忽略。王阳明总结：“只有真切为善的心，就必能勤学，必能见善即迁，有过即改，见到不善，也会不自觉劝其向善。”倘能如此，便成“如种树然，自然日夜滋长，枝叶日茂”。

最盛大的富有，是内心的丰盈

“欲”，在道德经里讨论得很多，道家一直秉持寡欲的处世原则，《道德经》有“见朴抱素，少私寡欲”的说法，儒家也有“养心莫善于寡欲”的理念，而佛家就更不用说了。

当然，如果既丰衣足食，又内心丰盈，当然是最好的，只是往往鱼与熊掌不可兼得，而太多的欲望往往太过沉重。

曾有人问：“为什么人活着会累？”或许，是因为心在欲望里无处安放。

寡欲，是不活在热闹里

《道德经》第四十六章里有言：“祸莫大于不知足，咎莫大于欲得。”

人世所有的欲望都在热闹里，所有的沦陷也都在热闹里。离热闹远一些，就意味着离沦陷远一些。

寡欲，不是远避尘世，而是远避喧嚣。俗世有太多的蝇营狗苟，寡欲者，静看人世间种种纷争，不再苟且于俗世，唯听凭自己所愿。一个人的自在风流，其实就是活得找到了自己。

年轻时总喜欢热闹，喜欢呼朋唤友、夜夜笙歌，但多能折腾的人，岁月最终也会把他打回原形。行万里路，阅无数人，最后你会知道“热闹是别人的”，而寡欲才是自己想要的。

寡欲，是不再自寻烦恼

有时我们觉得生活很难，房价、路况、工作……甚至空气质量，细数起来，无法穷尽。

我们总觉得，一定要往前走，不然就要后退。只能往高处走，低一点就恐慌。中国人有时候太争先恐后了，奔忙，慌乱，周旋，苟且，需要不需要的都想要，该得不该得的都愿得。

寡欲，是还生活以意境，不是从此没有烦恼，而是不再自寻烦恼。《南华真经·天地》中说“无欲而天下足”，当喧嚣的欲望都散去，你会发现从前许多烦恼都是自找的。

寡欲，是内心的丰盈

《孟子·尽心章句下》里说“养心莫善于寡欲”，为什么内心的丰盈，源于欲望的减少呢？

人的痛苦往往不在于看不到，而是看到的太多了。丰衣足食，羡慕他人锦衣玉食；脚踏实地，羡慕别人一飞冲天。不平衡，欲望滋长，内心就变得宕动和迷乱。

当简单的生活所需沦为世俗虚荣的攀比，我们离内心的丰盈越来越远。我们以为物质可以满足灵魂，后来才发现，真正的丰收感，往往来自放下之后的快然自足。

寡欲，是素心做人

世界上只有两事件：自己的事和别人的事。

我们经常觉得不快乐的原因，无非是觉得一天到晚忙着别人的事。于是，心一天一天被拖累。越想做自己，越觉得人生不如意。

其实世上好多事情都是自己的事，只是私欲盛了、计较多了，自然有许多负累。寡欲是素心做人，不分你我，不想太多，以最简单的心处世，自然无须去深山幽谷，也能寻得安静，无须去名寺古刹，也能寻得解脱。

一个寡欲的人，心中简静，他就是他自己，与这个世界也更近。

曾国藩哪四句家训，让后代没出过败家子？

有副对联这样概括曾国藩的一生："立德立功立言三不朽，为师为将为相一完人。"

但其实曾国藩一生成就，靠的只是四句话。靠着这四句话，他屹立于内忧外患的时代，人格、学问、事业皆佳，无论毁之誉之，都不得不承认他做人做到了极致。

这位连毛泽东都拜服的"完人",到底是靠着什么才有如此成就？

一曰慎独则心安

修身之道，最难是养心，养心最难之处，又是慎独。慎独，是独自一人时，亦有一双慧眼观照自己，不做出格事，不说出格话。

慎独,之于他人是坦荡,之于自己,则是心安。一个表里如一的人，事无不可对人言，就少有愧疚、猜疑、顾忌……种种阴暗，心中自然绿意盎然、步步花开。

曾国藩将慎独作为人生第一自强之道、第一寻乐之方，不是没有道理的。

二曰主敬则身强

一个人的涵养，就在于一个“敬”字，待人不分众寡，待事不分大小，一一恭敬，从不怠慢。

主敬，不是不闻不思不见的兀然端坐，反而是一种淡然，因为时时有敬意，反而无事能安然，有事能应变。反观放纵的人，才会状况百出，手忙脚乱。所以曾国藩说，聪明睿智，皆由“敬”出。

一日敬畏一日精进，一日放肆则一日怠惰，一个人气象如何，由此可见。

三曰求仁则人悦

“仁”，是仁爱，是推己及人，是“己所不欲，勿施于人”，是“己欲立而立人，己欲达而达人”。

一方面，每个人都不该自私，子女对父母有责，为官则对民众有责，为学则对社稷有责，知仁爱，才不失大道。

另一方面，世上大部分的伟业，都不是一个人建立的，人生中许多转机都是朋友提供的。但若以功利之心交友，别人回馈的也不过是功利之心而已。当你用豁达待人，以仁爱处世，自然可收获一批以心相交的挚友。

四曰习劳则神钦

习劳，即身体力行，一个人衣食住行，与他所行之事，所用之力相匹配，这才符合天道，受人赞许，也就是神钦。

有些富贵子弟，不营一业而锦衣玉食，这必然是不能长久的。为什么有“少年富贵大不幸”的说法，因为不与努力匹配的所得，必将成为他日倾覆的引子。

即使已身居高位，曾国藩依然以勤勉自励。在许多人眼中，勤奋只是成功的途径，其实，勤奋是为了让自己配得上更大的成功。

中国人为什么特别能忍?

何谓“忍”？词典的解释是“将事情藏在内心，克制忍耐，不作表示”，宋朝文天祥的《指南录后序》中有“隐忍不发，隐忍以行，厚积薄发”之说。

隐忍之道，最早从老庄们就开始了，他们默默无闻，不问江湖世事，以此获得内心的平静。而另一些人，如姜子牙渭水之滨默默等待，勾践十年卧薪尝胆，司马迁受极刑而终成《史记》，则是为了功成名就。

同样是忍下一口恶气，每个中国人都有自己心里的答案。

忍，是笑看人生

有人将忍作为一种修行：传说寒山和拾得原本是佛界的两位罗汉，在凡间化作僧人修行。一日寒山受人侮辱，气愤至极，便找拾得讲理："世间有人谤我、欺我、辱我、笑我、轻我、贱我、骗我，如何处治乎？"

拾得曰："只是忍他、让他、由他、避他、耐他、敬他、不要理他，再待几年你且看他。"

在这段对话中，寒山师父问得很好，拾得师父答得很妙。这种处世方法，既不明争，也不暗斗，而是不斗气也不生气，正起眼走自己的路，相信自己能笑到最后。

这个时候，忍，不是一味消极避世、清心寡欲，而是要将时间花在修身养性、自我完善上。世界之大，总有那么些人看你不顺眼，与你作对，你不与他计较，努力成长，才是最好的选择。

忍，是君子之勇

有人以退为进：韩信从小抱负远大，研究兵法，练习武艺，所以习惯性佩带宝剑。一次，一群恶少当众羞辱韩信：你虽然长得又高又大，喜欢带刀佩剑，其实你胆子小得很。你敢刺我吗？如果不敢，就从我的裤裆下钻过去。于是，韩信当着许多围观人的面，从那个恶少的裤裆下钻了过去。史书上称之为“胯下之辱”。

胯下之辱对一个男人来说是奇耻大辱，韩信为什么接受这样一个奇耻大辱？历史评论家柏杨先生有个说法很有意思：“不要认为弯下膝盖就是懦弱，有时候，人只有蹲下来以后才能跳得高——如果是为了将来跳得高些蹲下来一下，这是英雄。”

苏东坡在《留侯论》中说过这样一段话：遇到常理所不能忍的事情，“匹夫见辱，拔剑而起”，那些小人物，他受到一点侮辱以后，第一反应就是拔刀子或者掏拳头，这个不算勇敢，这叫鲁莽。

真正的大智大勇，大勇是“卒然临之而不惊，无故加之而不怒”。突然面临一件什么事情，神色不变，别人无缘无故把一个罪名加在你身上也不生气，这才是君子之勇大丈夫之勇。韩信就是如此。

忍，是收放自如

我们常说“忍辱负重”“大丈夫能屈能伸”“退一步，海阔天空”，但是，有时候我们发现，这些话沦为了一些自我安慰的鸡汤。

隐忍的背后逻辑是隐忍待发，也就是说，我们要不动声色，慢慢积蓄力量，要厚积薄发，正如越王勾践。或是为了获取更大的利益而采取隐忍、退让的策略，暂时放弃一部分利益。

但这绝不是一味地退让，因为，小忍未必会成大谋。《东周列国志》第三回，大臣向平王说：“若隐忍避仇，弃此适彼，我退一尺，敌进一尺，恐蚕食之忧。”也就是说，我退敌必进，登了鼻子你忍让，对方一定会上脸。

许多事都是如此，或许忍耐已经如同基因化入了我们的性格，我们在面对某些现实问题的时候，反而显得无动于衷，甚至逆来顺受。

小忍是一种修行，大忍是一种企图，它们都不是退让的借口，只有他日的厚积薄发，才是此刻忍耐的理由。

庄子的逍遥从何而来？

人生在世，一定要明白两件事：在乎什么？不在乎什么？不在乎，并非对人生的放任，而是因为有更值得在乎的东西。

“乘物游心”典出《庄子·人世间》，所谓乘物，就是脱出凡尘俗世；而游心，就是顺其自然，获得精神的自由。

庄子主张清静无为，一切顺其自然，摒弃“人为”。这“无为”二字乍一看有些消极避世，然而所谓“无用之为大用”，在庄子不滞于外物的自然随性中，我们可以看到一种处世法则，那就是——以“不在乎”的心态去追求在乎的东西，这种心态有时候甚至比进取本身更容易靠近成功。

不在乎得失，才有好心态

《田子方》中有一个“列御寇表演射箭”的故事：列御寇为伯昏无人表演射箭，他拉满了弓弦，又在自己的胳膊肘上放了满满一杯水，弯弓射箭，第一支箭刚射出去，第二支箭就紧跟着发射出去了，而第三支箭又已经在弦上了，手臂上那杯水竟纹丝不动，而列御寇本人也像块木头一样岿然不动。

列御寇的射箭技巧真正高超，但是伯昏无人却不以为然，说：你这种箭术，只能算是有心射箭的射术，而不是无心射箭的射术。然后他让列御寇和他一起去“登高山、履危石、临百仞之渊”，在那种地方射箭。

伯昏无人登上高山，身临百丈深渊，再转过身来，往后退，当自己的脚掌一部分在悬崖之外时，他邀请列御寇上来射箭，而列御寇已经趴在地上，“汗流至踵”了。

一座离地面一米高的独木桥，你可以轻松地走过，而离地面一百米高的同样宽度的独木桥就可以令你胆战心惊、手脚发寒，这就是外界对心态的影响，而心态影响行动。

生活中影响我们心态更多的不是独木桥的高度，而是外界事物对心灵的牵绊。一个技艺很高的人，一旦受外界干扰，患得患失，就很难发挥出自己的正常水平。当人们太在乎一些东西，带着强烈的目的性去追求一些东西，渴望成功，害怕失败，让心灵背上沉重的枷锁时，结果往往会适得其反。

我们经常说“关键时候掉链子”，输就输在了心态，有时候一个好的心态比高超的技巧更重要，拥有平常心的人更容易到达成功的彼岸。

不在乎名利，方有好心境

《庄子》一书多处有摒弃名利的描写，其中最典型的故事就是：楚国国王派人来请庄子去做官，庄子以“吾将曳尾于涂中”而拒之，他宁愿像乌龟那样在烂泥巴里自在地摇尾巴，也不想去庙堂之上受束缚。

庄子追求绝对的自由，“吾生有涯，而知也无涯”，他认为以有限的生命去刻意追求无穷无尽的知识、功名、利益，而忽略原本自在的美好，是滞郁不通达的。在他看来，人在江湖，并非身不由己，只是没法舍弃对名利的追求。

庄子的这种不在乎名利的思想并不是教唆人们放弃理想、放弃努力，从而无所事事，而是在追求理想的过程中，放下强烈的名利之心。

《逍遥游》中有“至人无己，圣人无功，神人无名”一句，那些道德学问达到至高境界的厉害人物都是无意于追求功名利禄的。在现实社会中也是如此，大凡成功人士都有一种叫“不在乎”的精神，正是破除了功名利禄的禁锢，他们心无挂碍，轻松上阵，自然而为，他们只享受认真做事带来的快乐，有一天，终于水到渠成，成功也会自然到来。

放弃强烈的功利心，可以拥有好的心境和开阔的胸襟，从而拥有更广阔的人生。

不受外物所累，便可更专注

放下得失名利，不但可以有更好的心态和更美好的心境，还可以更专注于眼前的事。

《庄子》里写了好多技艺达人，有一个大家都比较熟悉的人叫庖丁，他有一项绝活就是解剖牛，他解剖起牛来就像是艺术表演，轻松自在，毫不费力，一眨眼工夫一头牛就被大卸八块，而且他解牛用的刀还特别耐用，一把刀用十九年都还锋利得很。

梁惠王对他也很敬佩，问他怎么这么厉害，庖丁回答说，他的经验就是“目无全牛”，他解剖的时候眼睛里只有牛的骨头缝、肌肉空隙，并没有注意牛的其他部位，所以进刀也很顺利。

庖丁的功夫便在一个“专”字，专心致志于同一件事情，到一定时候做这件事就会游刃有余。有些时候一件事情总也做不好，无非就是在做事的时候思前想后，各种顾虑，心神游走，不能专心致志。

乘物以游心，不在乎得失，不在乎名利，不被外物所累，只心无旁骛专注于做好一件事情，结果都不会太让人失望。

什么朋友值得深交？

孔子说有三种有益的朋友：友直、友谅、友多闻。“友直”是结交正直的朋友，“友谅”是认识诚信的朋友，而“友多闻”是要把见识广博的人拉进你的朋友圈。

物以类聚，人以群分。如果与消极的人厮混，你不可能进取；经常与虚夸的人为伴，你不会踏实；而如果你的朋友是积极向上的人，你就可能成为积极向上的人。

“友直”能修身

正直的朋友是一面镜子，即唐太宗所谓“以人为镜，可以明得失”。朋友作为旁观者会看到你的失误，但只有正直的朋友会不避烦琐、不讳非议地给你指出来。

汉武帝时，有个叫何武的人，为人正直，当他发现官员戴圣常不按法律办事时，便向朝廷举报了戴圣为官的过失和不法行为。

戴圣因此怀恨在心，一有机会就和别人说何武的坏话。一天，戴圣的儿子犯了罪，被抓获后押至何武处听候处理。戴圣认定何武定会将他儿子置于死地，结果何武公正判决，戴圣的儿子没有被判死刑。

戴圣对比自己以前的所为，觉得很惭愧，并深深敬佩何武的为人，二人从此成了好朋友。

或许直言会令你觉得不快，但有了这样的朋友，做事可以少犯错，少了面子会留下里子。所以说为君要有诤臣，为人要有直友，他们能将你打磨得更完美。

“友谅”是原则

“友谅”是指结交诚实的朋友，很多古人对此推崇备至。比如元末和朱元璋争天下的陈友谅，他的名字即来源于此。可惜他名不副实，诡诈性格甚至超过曹操和朱温，手下的谋臣猛将都忌惮他，所以落得离心离德，兵败鄱阳湖……

很多人并不在乎身边朋友的信用，只在乎意气相投。即使好友有不诚信的行为，总会自我安慰“他又没有骗过我”“他肯定不会骗我”……殊不知他今天可以失信于人，明天也可以骗你。他不骗你只是他衡量后的利益抉择，而以诚信为本的人，菜单里根本没有失信这个选项。

选择朋友，诚信是一条基本红线。

“友多闻”是眼界

在资讯爆炸的信息时代，各种信息充斥我们的电视、电脑和手机，有人认为再也不需要见识广博的朋友了。恰恰相反，现在这个信息泛滥的时代，最需要一位见多识广的益友来帮你去粗取精，剔除糟粕。

“独学而无友，则孤陋而寡闻”，友多闻，不仅带来的是咨询，更是别开生面的思维。他有清晰的逻辑和良好的决断力，因为对你熟悉，所以他能为你的工作和生活提出良好的建议，三言两语，切中要害。你也乐于与他分享自己的欢乐与疑虑，与其说他是益友，不如说他是良师。

但前提条件是，他也要正直和诚信。如果没有这种品质，一个博学又了解你的人，反而对你有害。如果一个朋友同时具有正直、诚信、多闻这些美德，那真是可遇而不可求，从古至今，恐怕也只有诸葛亮之于刘备，才配得上“三益”的标准。

反过来说，如何成为别人心目中的“益友”——“友直”“友谅”“友多闻”，自我检视，你又是哪一种？

这五个字，足以让你决胜千里

“没有《孙子兵法》就没有我孙正义。”去年问鼎世界首富的孙正义如此说道。

将《孙子兵法》运用到商战中的企业家或许不止他一个，但他绝对是最成功的那个。

他对《孙子兵法》有一套自己独到的理解，其中更将“道、天、地、将、法”当作战略规划五要素，以此运筹帷幄，决胜千里。

道

“道”，就是人心所向以及理念、战略的正确性等。

《孙子兵法》中说：“道者，令民与上同意也，可以与之死，可以与之生。”就是说所谓的道，能令人民、士兵对你产生一种高度的思想认同，他愿意与你同生共死。古代君王治国，首先要统一臣民的思想，就是这个道理。

在企业管理上，“道”可以理解为理想、目标、追求，也可以理解为真理、规律和人心，员工需要一个向上的指引，也需要物质、发展、成就感。“道”，就是将企业的目标和员工的目标相统一，才能上下一心，共同奋战。

天

“天”，是阴阳、寒暑、季节，也是机遇、时机、形势。

唐太宗也说过“水能载舟，亦能覆舟”，水就是人民，对于国家来说，民心就是时势。所以唐太宗领导的唐朝最终成为中国历朝历代最强盛的一个时期。

企业层面，国家政策、大众需求、科技发展都是时势，要抓住趋势，顺势而为，更要会造势，乘风破浪。

地

“地”，即地势、地利、资源，在企业经营中，可以是经营环境，也可以是自身的平台。

通过对商业版图的分析，我们可以感知竞争对手的强弱。对于自身平台的搭建，可以让自身的“地”更坚实，一个有信仰、有理想、有凝聚力的公司，能吸引到无数优秀的人才加入。

“日本流通革命旗手”中也有“立地第一”的训示，对于许多行业如餐饮、房地产……最重要的，第一是地段，第二是地段，第三还是地段。日本的通口后夫从围棋获得启示，三个子能够包围对方，所以，他将药店布阵为三角，即每个地方开三家药店，以“三角商法”

造势，果然成功。

将

“将”，即将领，优秀的将领需要有五德:“智、信、仁、勇、严。”

“智能发谋，信能赏罚，仁能附众，勇能果断，严能立威”，这也是衡量一个管理者胜任与否的指标。

一代枭雄曹操，最懂得“任天下之智力”“运筹演谋”，军中智士云集，如荀彧、郭嘉、贾诩等，武将更有曹仁、夏侯惇、张辽……无论文臣武将，曹操麾下都堪称三国第一。

一个领导者，自己也要努力具备五德，才能吸引到更多人才追随。

法

“法”，就是法纪、制度、结构、编制、配置、权责等。

还是曹操的例子。一次曹操马踏麦田，有《军令》说“士卒无败麦，犯者死”，虽然有“罚不加于尊”的规定，但曹操为严肃军纪，仍然自拔佩剑，割下一束头发，以代替斩首之刑。主帅割发代首，全军肃然，奉令唯谨。

“法”须统一、守信，在企业经营、管理中，“法令孰行”，即法纪、条例、标准是否得以贯彻，可以判断一个企业的成败得失。

《孙子兵法》含义精神，后人解读无数，耐人寻味，要做到运筹帷幄，无往不胜，“道、天、地、将、法”这五事，自己占了多少，比起对手又是几何，还需细细思量。

随缘而喜——季羡林的人生哲学

季羡林是国际著名东方学大师、语言学家、文学家、国学家、佛学家、史学家、教育家和社会活动家。生前曾撰文三辞桂冠：国学大师、学界泰斗、国宝。

多少年以来，季羡林的座右铭一直是："纵浪大化中，不喜亦不惧。应尽便须尽，无复独多虑。"老老实实、朴朴素素的四句陶诗，几乎用不着任何解释。

"随缘而喜"是季羡林先生的人生哲学，一代国学大师是怎么理解人生的？

随缘而喜，意"随"之

我们常说"随意随意"，随意真的只是随便的意思吗？

其实不然，随意的本意是指"任凭自己的意愿，随心所欲"。即依据自己的意愿和想法行事，而非为所欲为。知道了自己的长处就随之发展，至于发展到何种地步，大可因人而定。

季羡林先生在语言领域就十分"随意"，他是一个语言专家，精通英、德、梵、巴利文，能阅俄、法文，尤精于吐火罗文（当代世界上分布区域最广的语系印欧语系中的一种独立语言），是世界上仅有的精于此语言的几位学者之一。倘若当初季老只满足于在英语的象牙塔中久居，也是敬业之举，但是他不拘泥自己，随之涉猎其他，终成一代语言大师。只因他知道自己对语言“有意”，于是“随意”前行。

的确，人活一世，本就诸多限制，何不在自己擅长的世界里随心所欲？

随意，也是一种选择。

从容应对，随遇而安，关于为人处世的素质与哲学，季老坦言一个老知识分子心声：出于对人类承上启下、承前启后的责任感，人还是要有一点信仰、一点主旨、一点精神，年逾耄耋，面对生老病死，他选择“笑着走”，任由之。

心存感念，淡泊自然。随缘而喜，“随”处可见。

随缘而喜，何谓“缘”

面对生命中一切无常与得失，季老皆秉承“不喜亦不惧”的态度。

他认为天地萌生万物，对生命赋予惊人的力量，一花一树，一只猫，一个路人，一场雨……在季老的眼中都是因缘而生的，他皆以喜乐的态度来看待，随缘而喜。回首百年沧桑，走过阳关大道，行过独木小桥。

缘，是一种牵引力。因果报应所凭据的就是“缘”这股动力。所以才有“欲问前世因，今生受者是；欲问后世果，今生造者是”为。什么会有这种定律，因为它们之间就是有一种牵引力才会形成。

所以，人生过程中，任何一种行为，包括善与不善，存心与无心，都会形成了结夙缘的行为，或者是缔结新缘的原动力。如果能够明白这其间的牵缠，那么对我们的人生绝对有益。

何谓“缘”？一言以蔽之：人的一生，不要随着一些事的变化而大起大落，而要以平常心对待，人的一生都是因缘分而遇到的，宜泰然处之。

人生际遇各自不同，际遇也就是机缘，它们就是夙世所累积缔造而产生的结果，不要去强求，人生才会顺泰。

随缘而喜，“喜”从心

“不以物喜，不以己悲”就一定是大智大慧吗？

不，这是智者历经沧海桑田的人生觉悟。

大人者，不失其赤子之心者也。倘若起初便无喜无悲，并不是什么了不起的状态，不过生性冷漠罢了。

岁月如梭亦如烟，何不植桑种田，游尽沧海，体验人生的每一处细节？

不怨天，不尤人，忘时竟乐。

忘身忧，忘卑位，一心牵于眼前事。

是这样的，发自内心地去对一样事物感兴趣，然后着手，然后喜欢甚至热爱，真的是这世上最自然的事了。

为了自己喜欢的东西，半途而废又怎样？得不偿失又如何？

这世间就是有人只为了做一把好椅子，拜师工匠；有人只为了弹一首民谣给自己听，开始学吉他；有人只为了一张照片就拿起相机，后来再没放下；有人只为了一个人，不畏翻山越岭，不顾时空相隔，数余年不改初心。

从心而欲，更易发现自己喜欢的事物。

喜当试水，不爱则弃，就像有人爱看国学经典，也有人不爱，不需要对谁负责，只需要善待自己，随缘而喜。

为什么季老看起来不老？因为他常和自己热爱的事待在一起，保持一颗欢喜心，自然笑口常开、青春不老。

敢于示弱的，才是真正的强者

“强大处下，柔弱处上”典出《道德经》第七十六章，意指弱胜于强，柔能克刚，更可化输为赢，向死而生。在老子眼中，执着于表面输赢的人，或许从一开始就输了。

当前，狼性思维成了众多企业或团体所推崇的文化，甚至一些学校也在倡导学生学习“狼”的精神。不敢说这种思维对与错，然而在中国的传统文化中，“柔弱”的哲学观依然有其夺目的光彩。

一、“柔弱”成就从容人生

在中国传统的道家文化中，一直在讲“柔弱”思想，“不争”是其中最重要的表现。《道德经》第二十二章中这样说：“不自见故明，不自是故彰……夫唯不争，故天下莫能与之争。”它的意思是说：不坚持己见，就能博采众长，明察洞悉；不自以为是，能彰显真知……

唯有不争，所以天下没有什么能与之相争。

范蠡辅佐勾践，功成名就后携西施远遁江湖；屠羊说，在楚昭王逃离时一直追随，楚昭王复国后，不求任何赏赐；王阳明平定宸濠之乱后，依然讲他的“心学”。他们的共同点就是用“不争”的柔弱方式，成就自己的精彩人生。

社会的发展是由人的欲望所驱动的，我们拼抢，要走在时代的前列，要在团队中取得最好的业绩，这无可非议。然而在不断的追逐争抢中，许多人渐渐迷失了自己，一身疲惫，灵魂无处安放，此时，如果放慢脚步，不争，用适当的柔弱，也许更能品味人生从容的滋味。

二、“柔弱”是最高的智慧

“不争”的思想在《道德经》第八章中也有表述：“上善若水。水善利万物而不争，处众人之所恶，故几于道。……夫唯不争，故无尤。”这段话可以这样解释：最善的人好像水一样。善于滋润万物而不与万物相争，停留在众人都厌恶的地方，所以最接近于“道”。正因为有不争的美德，所以没有过失。

老子的职位是周守藏史，张良自求的封号是“留”，在他们的内心，始终把自己放在一个备下的位置，后人却不能不承认他们的功业。

浮躁的时代，我们始终不肯示弱，名与利在前面引诱着我们前行，为获得众人的仰慕，很多人在排除一个又一个障碍，用狼性思维，在与竞争对手的拼杀中，置对方于死地，强硬地展现着自己的肌肉。此时如果说“不争”，反而成了懦弱的表现与无能的标志。

用水一样平静质朴的心地去看待世间的纷扰，用柔弱的方式应对刚强，这不是无能，而是智慧。智慧不是知识，智慧的产生需要宁静的内心和对人生社会的洞察。“柔弱”者因不争，所以能用超然的心态和广阔的视野看待社会与人生，这才是人生的大智慧。

三、“柔弱”是不张扬的谦卑姿态

《道德经》第七章有同样表述：“天长地久。天地之所以能长且久者，以其不自生也，故能长生。是以圣人后其身而身先，外其身而身存，非以其无私邪？故能成其私。”意思是说，天长地久，天地之所以能长久存在，是因为它们不为了自己的生存而自然地运行着，所以能够长久生存。因此，有道的圣人遇事谦退无争，反而能在众人之中领先；将自己置于度外，反而能保全自身生存。这不正是因为他无私吗？所以能成就他自身。

汉文帝刘恒最初的称号只是代王，在边塞坐冷板凳，长安来人请他回去做皇帝，此时朝中权力掌握在周勃手中。到长安后，周勃等人在渭桥下跪迎接，他也下跪。收下玉玺后，他没有立刻当皇帝，而是在九个月后才即皇帝位。他谦虚低下，深知谦卑的美德。老子说：“吾有三宝，曰慈，曰俭，曰不敢为天下先。”汉文帝正是用这种柔弱的方式，开启了“文景之治”。

张扬个性在我们这个时代是没有错的，不展现自己，也就无法引起他人的注意，成功的概率可能会降低。我们都在用各自的姿态演绎人生，炫耀自己的光彩。然而还有一种生命，他们不求他人知晓，安安静静做着自己的事情，用谦卑躲开众人的目光，用不争完成自己的使命，用柔弱展现别样的美丽。

柔弱中坚守自己的内心，不张扬，谦卑，是宇宙中不灭的灵光。柔弱不是逆来顺受、安于现状，而是蓬勃向上的力量，它体现的是一种坚忍，是一种用水一般的柔和心态应对万事万物，水是柔弱的，又是无坚不摧的。

“人之生也柔弱，其死也坚强。草木之生也柔脆，其死也枯槁。……故强大处下，柔弱处上。”

南怀瑾说，人有三个错误不能犯

“自知者明”典出《道德经》，很多道理，说着容易，做到却很难，人非圣贤，连李世民都需要魏徵这面镜子才能做到自知。

虽然一个人做不到完全的自知，但却应有基本的自知。南怀瑾说，人有三个基本错误不能犯：“一是德薄而位尊，二是智小而谋大，三是力小而任重。”对于不能胜任之事，如果对自己没有清晰的认知，就可能酿成大祸。

第一错：德薄而位尊

“修养浅薄却身居高位”，“德薄”不一定是缺德，也可能他个人修养不错——温良恭俭让样样俱全，只是缺乏与职位所匹配的品质。

比如王安石当上宰相后施行一系列改革措施，史称“王安石变法”。名义上为了“富国”，却都是用国家机器强行干预经济，最终演变成巧立名目的变相征税，特权阶级以国家名义与民争利……

王安石文化修养没说的，唐宋八大家之一。但在改革过程中只考虑政绩——“富国”（如何让国家创收），却忽视广大弱势群体在改革中受到的不公与损害，这是就是典型的“德薄而位尊”。

第二错：智小而谋大

“智能有限却谋划大事”，我们继续说到王安石变法，改革失败源于王安石的改革方案全凭空想，与现实严重脱节，与某些“三拍官员”的决策思路如出一辙：事前拍脑袋决定，事中拍胸脯保证，事后拍屁股走人。

例如王安石的“青苗法”，本意为青黄不接的农民提供小额贷款。由于错误的政绩考核，官吏强行要给农民贷款，而且利息奇高，扶持变成了负担。还有“市易法”“均属法”，让官府变身“官商”，直接垄断市场、操纵物价，从老百姓口袋里掏钱，所以北宋人民对垄断经济深恶痛绝。

王安石居宰相之高位，又是改革方案的肇始人，却没有遏制权力寻租和公权力滥用，这不能不说是“智小而谋大”。改革仅凭一腔热血，不考虑全局后果，不听取批评意见，最终结果就是全民买单。

第三错：力小而任重

“能力不足却承担大任”，对比历史上有名的商鞅变法与王安石变法，商鞅受到的阻力更大，几乎是举国反对，但商鞅变法却成功了（商鞅人死，但制度保存下来），王安石的改革却失败了。究其本源，王安石缺少政治盟友使他“力小而任重”。

激进的改革使王安石失去了几乎所有的盟友，反对派将星云集——司马光、欧阳修、苏轼……几乎识字的都反对他。就连王安石自己都承认改革激进，“缓而图之，则为大利。急而成之，则为大害”。他只认定一个目标，却忽略了在实现这一目标过程中必然会连带产生一系列问题。在短短数年间将十几项改革全面铺开，全面得罪了各个阶层，于是改革陷入了进退维谷的窘境。

袁世凯的二儿子在劝袁世凯不要当皇帝时写的一句诗很好：“山泉绕屋知深浅，微念沧波感不平。”山泉都想变作沧波，但自知深浅才是更重要的，更何况有些功名，不过是虚名而已。

真正的交往，不在朋友圈

“君子之交淡如水”典出《庄子·山木》，有的朋友一直以为这话的意思是：君子之间的感情淡得像水一样。实则非也，这句话本意是君子不以利益来交往，君子之间的交往，不含任何功利之心，他们的交往纯属友谊，长久而亲切。

肝胆相照，是友情的根本

于丹曾说：“结交那些快乐、能够享受生命的、安贫乐道的朋友。”

那到底什么才是真正的朋友？

在这个多元化的社会中，朋友又被划分开来：狐朋狗友亦为朋，酒肉朋友亦为友。可总会有这样的人，在你迷茫失意时帮你坚定步伐，在你误入歧途时领你寻找方向，在你落魄不堪时不对你另眼相看，在你功成名就时对你依旧称呼不变。这样的人，是为真君子、真朋友。

传统戏剧中薛仁贵当年穷困潦倒之时，经常得到王茂生的接济。后来薛仁贵被皇帝封为“平辽王”，前往王府来送礼的人络绎不绝，可他一一谢绝，唯一收下的就是一位故友送来的“美酒”。

这位以水充酒之人正是王茂生，而薛王爷非但不恼，反倒很高兴，因为他知道王茂生是寒士一个，以水代酒实在也是一番美意，他感慨地说：“这就叫君子之交淡如水！”当即痛饮三大碗，还说，味道好极了！

不错，肝胆相照的情谊并非友情的极致，却是友情的根本。朋友不分界线，不顾贫贱，英雄尚不问出身，何况你眼中的朋友？

互惠互利是交易，不是友谊。我们生活在一个以利益为链的时代，但真正的君子，双方都能保持一定的距离，讲求原则，以义交之。

君子之交淡如水，亦恒如水

世间许多事物，我们应浅尝辄止，交友其实也是如此。不是人人都要成为朋友，很多时候只需蜻蜓点水，点到即止。不必交换隐私也无须添加微信，大部分的恩怨爱恨都是因为离得太近，近之则不逊，有距离才不会生腻。

君子之交淡如水，在巴金和沈从文的友谊中亦有体现。他们两人的出身、经历、气质以及艺术见解都迥然有异，在文坛上也分别有着不同的“圈子”。巴金崇敬鲁迅，而沈从文与鲁迅之间却有误解；沈从文与胡适、徐志摩、周作人等人有交谊，而巴金对这些人却是敬而远之。正因为这两位是君子，他们不想也不会从对方处获取什么利益，所以他们的友谊才能像水一样源远流长，善始善终，让后人津津乐道。

真君子又岂会为了那点利益见地，斗角钩心，心怀叵测。

人与人之间的缘分来来去去，未到也不强求，相识保持君子之交，相知便珍惜当下，即使离去也不念不留，如水般顺其自然，细水长流。真正的君子之谊淡如水，亦恒如水。

一辈子太长，要跟有趣的人交朋友

王小波说，一辈子太长，要跟一个有趣的人在一起过。

君子交友亦是如此。当然，君子不一定非得是幽默风趣、贯古通今、琴棋书画样样皆通的文艺青年，但君子纵不能大雅，也不会大俗，至少要是一个有内涵的人。

人人皆可，在闲暇之日，约三五好友，煮一壶清茶或一壶小酒，鉴赏书画亦可，指点江山亦可，风花雪月亦可。独乐乐不如众乐乐，所谓游戏人间，不过君子同乐。如果朋友间的关切问询，以朋友圈的隔空点赞取代，恐怕倒失了许多雅趣。

朋友圈当然便利了交友，朋友圈还是要有的，万一交到真朋友呢？但真正的朋友不会只存在于无形网络中，真正的朋友是面对面的君子之交，因为只有相见才算相遇，相遇才能相知。

大好时光并非不可虚度，但应该浪费在自己和值得的人身上，真正的交往不在朋友圈，在自然，在情在理，还有诗与远方。

成大事者必经的三种境界

日本人说人生以余味定输赢，不若中国人说人生以境界定输赢。

境界，王国维在他的《人间词话》里做了大量的解释，不限于诗词歌赋，更在于人生、学问。

那么到底什么是境界？王国维说："境非独谓景物也，喜怒哀乐亦人心中之一境界。"简单在说，有真性情者，便是有境界。

一、境界有大小，而不分优劣

"有境界,则自成高格",王国维眼中,只有"有境界"和"无境界"的区别，境界与境界之间却无高下之分。

入世深的人有入世深的境界，如曹雪芹，"世事洞明皆学问，人情练达即文章"，字字心血写成《红楼梦》，这是他的境界。入世浅的人有入世浅的境界，李后主一人在宫中看春花秋月，往事成空是他的境界。

吟风弄月的人，真性情，有境界。物我两忘的人，逍遥世间，是境界。

做人，做学问，皆要有境界。且来看看王国维在《人间词话》里说了哪些境界。

二、有我之境，无我之境

有我之境，是以我观物，所见的一切，都带上个人的色彩。

无我之境，在于以物观物，忘记了什么是我、什么是物。

有我之境，可以与万物同喜乐，“感时花溅泪，恨别鸟惊心”，风花雪月皆动情。常人都从主观出发，却未必能与物同喜、与物同悲。

无我之境，可以尽赏古今风月，庄周梦蝶，不知是蝴蝶梦到了庄周，还是庄周梦到了蝴蝶，不分古今中外，梦里梦外都是无我的境界。只是自古以来，能入有我之境的多，能入无我之境的少。

三、工巧之境，自然之境

工巧之境，在于精雕细琢，为人处世，郑重待之。有的人运筹帷幄，工于心计，流于实用主义；有些人巧舌如簧，花言巧语，只能算是虚张声势。

有的人一生只做一件事，我们说的“工匠精神”比较接近这种境界。

自然之境并非顺其自然，而是不刻意、不强求，“生年不满百，常怀千岁忧。昼短苦夜长，何不秉烛游”。不为无谓的烦忧困扰，秉烛夜游的人，是有境界的。

苏轼一生官场受挫，最后于清风明月里得安宁，是自然之境。

怀素、李白饮酒作乐的豪放，是自然之境，却非一般人可学。

四、成大事业、大学问的三境界

王国维的人生三境界流传最广：第一境："昨夜西风凋碧树，独上高楼，望尽天涯路。"这是远望天涯、志存高远的境界。第二境："衣带渐宽终不悔，为伊消得人憔悴。"这是费尽心力，追求一物的境界。第三境："众里寻他千百度，蓦然回首，那人却在灯火阑珊处。"这是从黎明到破晓，豁然开朗的境界。

有些人志趣高雅，却无境界；有些人天性豪放，却未必有境界。境界，是喜怒哀乐的呈现，是对世事人情的体悟，是心中的一段春色。

一个人有气质、有神韵、有兴趣，都不如做一个有境界的人。

当我们得意时，为什么要读儒家？

谋道之时，亦可谋财

因为一句"君子食无求饱，居无求安"，很多人就以为儒家所崇尚的"君子"是清贫的。

然而在《论语·子路篇》有这样一段：孔子说卫国的公子荆善于管理家业。刚有一点财产时，孔子说“差不多合格了。”稍微增加一些财富，孔子又说：“这就比较完备了。”当他富裕的时候，孔子评价：“这就很美好了。”

合、完、美，渐进的三个字，反映了孔子对财富的基本看法——“财富是美好的。”

富而后教，才可得道

富是美好的，掌握财富的人却未必都是美好的。所以孔子同时主张“富而后教”。他认为人在得道之前、得意之后，如果不进行教育，那就会坠落、腐败，这就是所谓的“精神饥荒”。

富起来之后还能做些什么？财富可以令自己衣食无忧，可以凭资本滚雪球，某种程度上还可以用来换取更大的权力，然而这样的“得意”，均不会持久。

孔子认为有两种富人不美好：一是只富自己、不富别人。齐景公“有马千驷”，但没为人民做过什么好事，死时“民无德而称焉”，换句话说就是，大家只会觉得，又一个有钱人死掉了，没什么值得缅怀的。二是不义而富、为富不仁的人。《论语·述而篇》里孔子说“不义而富且贵，于我如浮云”，他认为通过不正当手段的获得财富，就像浮云那般缥缈，毫无乐趣可言。

兼济天下，自有天下

那么怎样才能既“得意”又“得道”，成为一个美好的富人呢？

这就是儒家主张的“达则兼济天下”的思想了。推己及人，共同富裕，既然拥有更大的能力，就应承担更大的责任。

一个富足的君子，需要具备相应的文化与道德素养，有以天下为己任的博大情怀和历史使命感。

情怀与使命听起来很宏大，其实放在现实社会，很多人都已经在实行：开展慈善事业，这属于力所能及的善事；或致力于传播传统文化，这是有功于千秋的事业；还可以帮扶、资助青年创业，这也是推动社会发展的重要手段。

常人所重者，在于功名利禄、七情六欲，为之奋斗不休，终能“得意”。

然而得意之后的路，走好了便能“得道”，被爱戴与拥护，走不好反而遭人嫉恨与唾弃。

若得意之时反而觉得内心空乏，请务必到儒家粮店一游，定能寻得精神富足的妙法。

当我们失意时，为什么要读庄子？

老子是苦行的，庄子是享受的

为什么说失意的时候要读庄子？

因为庄子是兴高采烈的，笔下意象繁华，大鹏展翅，俯仰天地，人生、宇宙于他，可放浪形骸，可傲慢逍遥。在他的眼界面前，我们也只好手舞足蹈。

其实从世俗角度来看庄子过得并不好，他的事迹大多是传说，仅有的资料是做过小官——漆园吏。贫穷，和陶渊明一样，借米烧饭。

智者大多悲观，同为道家的老子，内敛克制，教我们世路艰难如何长存。思想是相通的，表现却相反。出发点都是天地不仁，老子说无为，庄子再进一步，说坐忘，忘了，自然也就逍遥了。

无故而忘，曰坐忘

最初“坐忘”来源于《庄子·大宗师》中的一个典故：颜回和

孔子说："我有些长进了。"孔子问："怎么说？"颜回说："我忘了仁义是什么。"孔子说："可以，但是还不够。"过些日子颜回又说自己有些长进，孔子再问："怎么说？"颜回答："我忘了是什么了。"孔子再次表示："可以，但是还不够。"后来颜回再来，孔子再问"怎么说"时，颜回答"坐忘"，孔子猛地蹬了蹬腿，问什么是坐忘，颜回答："堕肢体，黜聪明，离形去智，同于大道，此谓坐忘。"

庄子没有解释什么叫坐忘，后世无数说辞，私以为曾国藩说得最妙："无故而忘，曰坐忘。"曾国藩是务实者，不讲虚言：忘了就是忘了，没有原因，也不追究。简单地说，万事可忘，如何不洒脱？

坐忘，是一种超然物外的境界

坐忘，不是坐下就忘，躺着就明白，站起来更糊涂。而是有迹可循的。

颜回说离形去智，可理解为去除执念的过程，世俗成见、学者架子、流言蜚语……如果受困于此，是无法达到逍遥的境界的。

《庄子·秋水》中有段故事：庄子垂钓，楚王派人来请庄子出山，庄子持竿不顾，问他们乌龟是愿意被丝绸覆盖着，珍藏在庙堂里，还是愿意在泥水中。使者答，愿在泥水中。庄子便说，你们去吧，我要在泥水中自在。

姜太公垂钓周文王，庄子却是在认真地垂钓。坐忘，是忘了浮华的虚名，回复本真的澄澈，同样的问题，孩子可以给出和庄子一样的答案，大人却往往做不到。

但庄子是更高于天真的，他自比于凤凰，非梧桐不栖，非练实不食。人们失意得意，往往都是在世俗框架里，读庄子，他永远可以把你带到更高远的视界里，超然物外，游于逍遥。

醒来，也无风雨也无晴

庄子的超然虽难以企及，却从未失传。陶渊明写《桃花源记》，武陵人忘路之远近，寻得落英缤纷。苏轼一蓑烟雨任平生，回首却忘了风雨也忘晴。

在我们看来，陶渊明、苏轼都是失意者，他们官场受挫，抱负没有实现，然而最后他们清风明月相伴，却收获了前所未有的宁静。读他们的诗，既朴素，也享受。

《庄子·齐物论》里讲，有人梦里饮酒快活，醒来却在哭泣；有人梦中因祸事而哭，醒来却去打猎作乐。人世本一场大梦，只有愚人才会因为噩梦醒来扬扬自得，因为美梦醒来而怅然若失。

人生无常，只有梦中为蝶，醒来忘了是庄周梦蝶还是蝶梦庄周的人，才真正参透了人世风和雨，向逍遥的境界去。

愚，愚，愚

"大智若愚"典出苏轼《贺欧阳少师致仕启》："大勇若怯，大智如愚。"这是从《道德经》衍生出来的，对应的还有"大巧若拙，大音希声，大器晚成"等。

中国人太聪明了，以至致于走向了另一个极端。有时候，装傻是是一种战术，有时候，装傻却是一种顿悟。和故作聪明的人比起来，中国人的傻更需要才智，甚至"傻"出了三种境界。

第一种境界：不露锋芒，韬光养晦

三国时代，刘备多次被打成丧家犬，有一次无奈投奔了曹操。刘备素有英雄之名，为了麻痹曹操，就开辟了一块菜地，亲自播种、灌溉、施肥，让大家都觉得他胸无大志，用这种方法伪装自己、韬光养晦。

但曹操还是有意无意多次试探刘备。某次曹操请刘备喝酒，席间谈话过于惊心动魄，这顿饭被后世称为“青梅煮酒论英雄”。曹操问刘备天下英雄都有谁，刘备故意拿袁绍、袁术充数，绝口不提自己，当曹操说“今天下英雄，惟使君与操耳”，玄德心中秘密被点破，吓得手里的筷子都掉了。幸好这时打了一个炸雷，刘备装作怕雷掩饰过去，才没让曹操窥出破绽。

还有人爱显摆聪明，三国时杨修多次显示了碾压曹操的智慧。如《曹娥碑》后的谜语，杨修当场就猜到谜底，曹操硬是走了三十里才猜到答案。但杨修的智慧时时让曹操所忌，最后找个理由把杨修处死了，这大概就是才子夭寿的原因吧。

第二种境界：外愚内智，蓄势而发

曹操听说司马懿有才能，想召他出来为自己出谋划策。当时司马懿不看好曹操，又不敢得罪曹操，干脆伪装中风，卧床不起。

曹操向来多疑，心想哪有这么巧，于是派刺客半夜去试探。《晋书》里记载，刺客都把刀架在司马懿脖子上了，可司马懿还是“坚卧不动”，这种影帝级演技真骗过了曹操。等曹操势力稳定后，司马懿才出仕。

除了忍耐，司马懿还有一项特长就是“间歇性风瘫”。话说曹爽手握魏国大权后，一步步铲除司马懿的势力。司马懿没有正面还击，反而又风瘫了。

曹爽不愧是曹家人，也不放心司马懿，这次他派一个官员去试探司马懿。这个官员详细回报，完全不用担心司马懿，他卧床不起，口角流涎，水都喝不好，洒得满身都是，而且连话都听不清楚，妥妥的老年痴呆呀！

天真的曹爽遂不对司马懿设防，后来他出城祭祖，洛阳城里出现空档。司马懿的间歇性风瘫不治而愈，发动“高平陵”政变，废除了曹爽的官职，独揽曹魏大权，这才奠定了晋朝的基业。“装疯卖傻”是“忍”的一种升华，除了避免冲突积蓄实力外，还有麻痹对手的功能。对世人来说，“忍”已经够难了，有几个人甘心卖傻自污呢？

第三种境界：愚智莫辨，守持如一

刘禅一向被视为虎父犬子的典型，历史评价他和摔倒的老人一样，都是“扶不起”，殊不知刘禅才是大智若愚的典型。

刘禅当了四十一年皇帝，是三国时在位最长的皇帝，即使诸葛亮去世后，刘禅还撑了三十年。诸葛亮在世的时候也夸刘禅聪明“天资仁敏，爱德下士”，为什么刘禅会被误认为昏君呢？

最有代表性的例子莫过于“乐不思蜀”。刘禅投降后被迁到洛阳，当时掌权的司马昭宴请刘禅却故意安排蜀国歌舞。在旁的蜀汉旧臣都伤心落泪，只有刘禅却欢乐嬉笑。司马昭问他说：“在这儿还思念蜀地吗？”刘禅开心地回答：“此间乐，不思蜀。”司马氏虽然把他当作一个笑话，却熄灭了对他的杀心。自此刘禅被打上“扶不起”的烙印，但作为一个亡国之君，究竟该如何应对呢？看看另一个阶下囚，吴国君主孙皓的例子。

吴国君主孙皓被押解到洛阳，拜见当时的晋国皇帝司马炎。

司马炎指着大殿上的一个空位，说："我设下这个座位等待你已经很久了。"孙皓死到临头还嘴硬，他对司马炎说："我在南方，也设下一个座位等着陛下。"结果孙皓没过几年便去世了，刘禅却在洛阳安度晚年，到底谁比较聪明？是能言善辩的，还是那个被人嘲笑的呢？

你知足吗？

"知足不辱，知止不殆，可以长久"出自《道德经》第四十四章。意为知足于内而不争虚名，就不会有屈辱；知止于外而不贪得无厌，就不会有忧患。

小富则安，小爱则满。这话虽为贬义，却是很多人心中的理想生活。然而每个人看待"富足"的标准不尽相同，在精进之路上，适度而止才是最难的事。

三道人生必答题

老子有问："名与身孰亲？身与货孰多？得与亡孰病？"

名声与健康哪个可贵？生命与利益哪个能割舍？获得与失去哪

个更煎熬？

问题的前提设置非常宽容，不是不许你拥有，而是问你何时能放弃“拥有更多”的念头。

富足不难，知足难

儒家曰，戒之在得；

佛家曰，若欲脱诸苦恼，当观知足；

道家曰，祸莫大于不知足。

儒释道三家都将知足作为修身要术，字字箴言，却并非人人能懂。人们害怕“知足”，怕它成为不思进取的根源，但又因为心中没有衡量标准，一个不留神便将进取活成了“贪得无厌、欲壑难填”。

大清朝的和珅初入官场时也是一位廉洁自律的好官。后来他奉命查李侍尧的贪污案，将李侍尧和他的党羽的财产全数私吞，又获乾隆的嘉奖，越了雷池却尝了甜头，这样一来，弄权纳贿之欲便一发不可收拾，最终因此被嘉庆赐死。

而曾国藩眼里，唯有“进德修业”两事靠得住，对于金钱与权力，他认为“低头一拜屠羊说，万事浮云过太虚”，曾国藩懂得“知止”，所以成为“立德立功立言三不朽，为师为将为相一完人”。

前行不难，止步难

若说坚守“上、止、正”三个字便能让人生行稳致远，那其中的“止”字就是最难写就的一个。

“上”是中国人的本能，我们从小耳濡目染的教育便是“但求上进、精进不休”。“止”比“上”多出一竖，这简单的一个笔画对人生而言却有着里程碑般的意义。

贪恋利益而不懂止损，贪恋权位而身陷囹圄，无论古今，相关事例皆不胜枚举。腰缠万贯时、青云直上中，要顺势走下去并不难，在这样的时刻停下来，反而是一件更需要智慧和勇气的事。

“适可而止”与“功遂身退”既是一种重要德性，也是一种自我保护的明智选择。

《好了歌》云：世人都晓神仙好，惟有功名忘不了！

我们与神仙之间，差的也就是那“知足知止”的修为罢了。

《道德经》的最后一句，到底说了什么？

“圣人之道，为而不争”是《道德经》的最后一句。

《道德经》艰涩，它是中国的高山，老子或许是所有哲学家中最高寿的，思想也最透彻、孤绝、高深。

《道德经》又是直白的，句句都是警句，全篇八十一章，如同八十一扇门，从哪一扇推入，都可见一番天地。

看懂了老子的孤独，再看《道德经》

在鲁迅的《故事新编》里,《道德经》是老子出关时敷衍关官所写的讲义，成书不过一天半，因为是讲义，不免有些翻来覆去的车轱辘话。

鲁迅虽是调侃，不过传说亦不太可信：关官在城头远远望见一股紫气，知道圣人要来，而刚好他又博学多识，问道于老子，老子便写了《道德经》交给他。

鲁迅是懂圣人的孤寒的，哪里遇得上这么多知音？干脆把关官写作俗人一个，让圣人继续孤独。

于是在想象中，老子一边写，一边笑：你读不懂，我也不要你读懂，我只写给懂的人看。

老子随手挥笔五千言，意义都在言外，就让后人在语言的迷宫里悟吧。读《道德经》若太执着于语言，是只见树木而忽略了森林。

不争，才能立于不败之地

老子一向的主张是：退、守、弱、柔。保全了自己，于是立足不败之地。

古代乱世多暴君暴民，暴君杀暴民，暴民杀暴君，你来我往，整个时代都受罪。这可说是老子思想产生的原因之一。

再回过头来看“为而不争”，其实包含了一种策略，因此后世也有军事家把它当作兵家的韬略来看，不争无用之争，乃至以弱胜强。

将自己放低，才能与世无争

单纯把《道德经》当作兵家韬略是狭隘的，何况兵家胜败之事，如何不是争?

“为而不争”的前半句是“圣人之道”，如何“为”，关乎为人处世之道。

孔子曾就此问道于老子，老子说“水利万物而不争”，孔子闻言悟道:“众人处上，水独处下;众人处易，水独处险;众人处洁，水独处秽。所处尽人之所恶，夫谁与之争乎?”

姿态低到尘埃里，故能与世无争。但同时，它又无所不利，润泽万物。

孔子有句类似的话是“矜而不争”，骨子里的矜是气节，流露于外只能是骄。君子内心高洁，但姿态是谦下的。

说话太容易的时代，闭嘴是门学问

不争，是老子心中的乌托邦，他要人们无知无欲，老死不相往来。

这是老子理想化的一面，因为他身处乱世，深知人性之恶。

“不争”在《道德经》里出现频繁，偶尔也作“不诤”，这或许代表老子对人们最表浅的要求，即语言上的不争执、不争辩。

论语也常见类似的句子，如《里仁》:“君子欲讷于言而敏于行。”《学而》:君子“敏于事而慎于言”。

不管是圣人还是君子，管好自己的嘴是基本修养，巧言令色的人向来为孔子所不齿，最重要的——君子是要说真话的人，而真话往往不好听，所以更要慎言。

这个时代，谣言是流传最快的，炒作是最受关注的，谩骂、讨伐、煽情……或许每个时代都是如此，只是在说话尤其容易的当下，闭嘴是门学问。

不争，是因为对万物心怀悲悯

老子最伟大的地方，在于他的宇宙观，即“道”。

他看君、看民、看圣人、看大盗、看鸡、看犬，从宇宙的角度来看，因而更深刻、准确。

不争，是因为世间万物息息相关。万物相互关联，构成一个和谐整体。泰山上的一颗石头，跟长白山上的一棵松树是息息相关的，一损俱损，一荣俱荣。每一个生命都以其他一切生命为背景，同时也与其他生命同体共悲。

一般书生之见、市侩之见，觉得他消极、悲观、厌世；实用主义者，来学习如何取巧、诡辩；走马观花的人，只取得一点他的空想与反叛……

有人说，《道德经》是老子写给后世的情书。

但延续两千多年，老子依然是最孤独的人。

人生三重境界，你到了哪一层？

境由心造，典出佛教，意为美好与恶劣，都是因心而生。

万丈红尘，是深陷、是超脱、是运筹、是归隐、……无论入世、处世、出世，往往是一念之间就有地狱天堂之别。

入世之境

一旦入世，人生就要开始与情欲、得失、利害、成败、对错纠葛满满。

生活用冷峻的面孔来颐指气使我们的情感，削弱我们的意志，但世人所艳羡的功成名就也是要通过入世的千般洗礼才能写就，所谓成也自己，败也自己。

入世最不怕的就是失败，我们在一次次命运给予的洗礼中调整自己的心态。然而对于大部分成年人来说，入世的冲动经过世事漩涡的缓冲，大都卸去了秉赋的坚韧与执着，自尊、敏感、孤寂混成一团驱之不散的烟雾，截断了人们对最初理想的追寻。当人们在混沌中奋力张扬时，也有人仍“固执”地按自己内心做事。这群人，就是入世者中的智者。无论周遭如何变化，他们都能不顾他人眼光，追随自己的本心，即使在他人眼里这是“愚蠢”的。

入世不怕千锤百炼，就怕忘记初心。

处世之境

处世可以是难事，也可以是易事。有人被处世中的锱铢必较和人情往来弄得筋疲力竭，也有人像云中鹤一样展翅高飞，远离喧嚣的红尘。

如果一个人入世太深，久而久之，往往会陷入烦琐的细枝末节之中，把实际利益看得过重，难以超脱出来。出世，以自然之心对人，以洒脱之态对事。对事物看得淡一些，才能排除私心杂念。在社会中，与其处事圆滑，不如保持朴实的个性；与其委屈求全，倒不如豁达一些，才不会丧失纯真的本性。

有出世之心，才能做入世之事。以此作为处世的信条，才是洞悉世事的处世智慧。

出世之境

经历了少年的无知无畏，中年的人情练达，是时候让心境归隐。

真正的出世，并非一定要效仿古代诗人去四处游历，也不一定要去找个深山老林与世隔绝。入世与出世，只是一份心境的改变。

视作人生意义的名利与金钱，在此刻土崩瓦解。过去离不开的满桌炊金馔玉，现在也抵不过家人一碗素手羹汤。闲庭信步，摸鱼遛狗。对月发呆，赋诗一首。如此活着，才真是快乐得不得了！

四句话读懂大学之道

儒家的经典人生道路自古就被描绘为立身、齐家、乐世，看不看书，寻不寻根，似乎中国人都知道这一点。

然而，在经历了千年的发展进程后，“修身齐家治国平天下”这四条被奉为至善绝学的《大学》之道，对于当今的现代人与现代社会到底意味着什么呢？

格物致知——保留应有的求知之心

“格物”意为通过探究事物的道理以纠正人的行为。而“致知”指的是通过不断思考后达到的一种理解感悟过程。

在消息碎片化的今天，普通人每日的自我思辨与反省俨然成为一件难能可贵之事。我们总感叹圣人“手握卷而不释”的持之以恒，却总难做到每日放下眼前的手机，去阅读片刻书籍，感悟当下的生活境遇，久而久之，人心最为宝贵的求知欲与自省感就会慢慢减退。

人本应多去思考、体悟，因为万物发展并没有完全固定的定式，而人一旦胸中无物，遇事的态度就会变得不扎实，人心自然就浮躁了。

诚意正心——守好为人的最后底线

“诚意”，一言一行要出自精诚，不欺人，也不自欺。“正心”，为人处世当端正心思，摒除邪念。

无论历史怎么推进，科技如何发展，人心与人性是难以改变的。两千年前，《大学》中不断强调的“诚”与“正”则是一个人乃至一个社会最为基本的准则，也是人心与人性的最后底线。

逐利为天性使然，战国先贤荀子曾说：“目好色，耳好声，口好味，心好利，骨体肤理好愉佚。”本不应批判，但如果为了个人之好与一己私欲去做非诚、不正的事，则是在触碰作为一个人的最后底线，应被唾弃。

人应有所敬畏，它可以是宗教，可以是信念，可以是道德价值观。因为一个人若心中无畏，他为人做事的最后防线就太容易被一一击破了，人心乱了、躁了，这个社会风气也就浮了。

修身齐家——不忘人与家的讲信修睦

“修身”，要提高自己的品德修养。“齐家”，要注重家庭的和睦齐整。

中国人历来很注重个人与家庭的关系，我们常说家和才能万事兴。但是，要想管理好家庭就要先修养自身，因为人的一言一行都会在潜移默化中影响一个家庭的气质，为人父母者更是如此。

“身修而后家齐，家齐而后国治。”（《礼记·大学》）个人的心修好了，才能在家庭中起表率作用，有了表率，家自然就和顺了，每一个小家如果都能平稳和睦，这个社会、这个国家、这个民族也就自信踏实了。

治国平天下——分担社会的一份责任

“治国”，并非真的治理一个国家，而是在追求个人肯定的同时去创造社会价值。“平天下”，也不是扫除群雄，荣登大宝，而是心中有担负起家国与社会责任的国民意识。

现代西方倡导的“国民意识”“社会责任”，其实早在两千多年前被中国的先贤志士们提出，并为它孜孜不倦奔走疾呼了如此之久。

正所谓“穷则独善其身，达则兼济天下”，国家、社会、人，本不该被割裂，因为只有人的参与才有了社会，社会的繁盛才能成就一个国家。如此看来，一国一社会的责任其实也就是每一个人的责任，而这份担子是不应也不能够被忽略与随意卸下的。

格物致知、诚意正心、治国平天下，表面虽短短十三个字，但其背后，是一个人对于未知的探索精神，是对于道德的最后坚守，是对于个人与家庭的讲睦修齐，更是对社会应有的一份担当，而这些无论任何年代都不应被中国人抛弃与遗忘。

精明的最高境界是笨拙

当你一脸精明时，愚蠢已近在咫尺。

《红楼梦》里王熙凤深谙世故，八面玲珑，内刚外柔，极具管理才能，是个十足的精明人，最后却落得“机关算尽太聪明，反误了卿卿性命”的悲惨下场。

精明本无错，可惜王熙凤的精明用在与人争强、事事争胜、咄咄逼人上。即使再聪明，也是浑身散发戾气，令人生厌。

佛说，凡事都讲究个度，误在失度，坏在过度，好在适度。精明过度，乃智者大忌。

深谙处世的精明，要收得住锋芒，才靠得近智慧。王熙凤到死也没明白，自以为的精明巧妙，其实是别人看在眼里的愚蠢。

成大事者，不在精明

金庸笔下《射雕英雄传》，跟“精明”最扯不上关系的人就属郭靖了，他看起来愚笨，没有心机，更别提处世技巧了。然而，只有他学到了“降龙十八掌”，成为顶天立地的武林高手。对比看，他的伴侣黄蓉，虽然天资聪颖机智、古灵精怪，结果却只会耍弄“打狗棒”的粗浅功夫。

也许你会说，是郭靖幸运，遇到了一群好师傅。但你想过为什么是郭靖幸运？这世上不缺精明的人，缺的是让人信服并喜欢与之交往的人。秉承真我天性就是最好的人缘。即便看上去有些愚钝，也比故作精明让人舒服。

小聪明撑不起大智慧，小算计也称不上精明。但凡有大智慧的人，大都在世人眼里有点傻，像个不谙世故的稚童。

天下之拙，能胜天下之巧

曾国潘天性钝拙，史书上也多有记载。但另一方面，曾国潘又是一位“精明”人，在军事上、官场韬略上的战术远见，非常人可及。

“君子赴势甚钝，取道甚迂，得不苟成，业不苟名，艰难错迕，迟久而后进，铢而积，寸而累，及其成熟，则圣人之徒也。”这正是曾国藩的自我写照。

但他发挥其钝拙的天性，做事不绕弯子、走捷径，总是按最笨拙、最踏实的方式去做。待人接物也是秉着“以诚为本，以拙为用”，“情愿人占我的便益（宜），断不肯我占人的便益（宜）”的原则。

这与众不同的“笨拙”，成就了曾国藩非同一般的精明。正所谓，笨的极致是精明，拙到极点能出巧。

傻三分的精明才是真智慧

常言道“精三分，傻三分，留下三分给子孙”。这句话提醒着人们待人做事不要过于精明，锋芒外露，不如智慧深藏，做个“笨拙”的精明人，韬光养晦，大智若愚。

李嘉诚的让两分，也并不是笨拙，而是怀揣着精明的笨拙。生意往来，待人处事，都是细水长流。凡事留有一步，聚集人气，才有往后的可能。

人生如路，在给别人借过，实际也是在给自己修路，借过多了，路也就越来越宽、越来越长。在精明与笨拙的博弈中，懂得顺从天性，傻三分才是真智慧。

虽然平凡的我们，不至于太精明，也不至于太笨拙。但也不要做怀揣糊涂装精明的糊涂人，而要做一个顺从天性的傻三分的厚道人。

拒绝，恰是最好的尊重

“不”——一个在中国人看来很是刺眼的字，因为它代表了拒绝。在人情社会中，和气的国人总是害怕拒绝、不会拒绝，甚至拒绝提出“拒绝”。

这样虽看似不得罪人，但是只一味地做“老好人”，有时未必能获得他人的尊重与善意，而偶尔适当地拒绝，或许是对自己与他人的最好尊重。

“唯至人乃能游于世而不僻，顺人而不失已。”此语出自《庄子·杂篇·外物》一章，意思是：道德修养极为高尚的人才能够混迹于世而不出现邪僻，顺随于他人却不会失去自己的个性、本质与真我。在庄子看来，如果在一味顺从中丢失了自我，的确是一件不值得提倡的事。为此每个人都应该学会拒绝，因为它不单单是一种权利，也是一门艺术更是一种尊重。

拒绝是一种权利

《论语·卫灵公》中有一句为人熟知的名言:“君子有所为，有所不为。”其中的“不为”，指的就是拒绝。

人们总以为拒绝是一种被逼无奈的最后防卫，但却不知道它更是一种主动的选择。我们的文化,将表达拒绝的权利都视为一种自私，因此剥夺人表达的权利，也剥夺人拒绝的权利。大多数人变得要讨好别人而活，要以讨别人开心或喜欢，以确保自己成为主流价值中的好人。

这个过程中却忽略了，其实拒绝本身就和应承一样，是每一个人与生俱来的权利。

拒绝是一门艺术

著名的佛学大家星云大师曾与弟子谈及拒绝，他说:“拒绝实则是一门艺术，做好了两全其美，做不好，伤人恶己。”

俗语常道:“好言一句三冬暖，恶语伤人六月寒。”拒绝也是如此，虽需保持简单回应，但万万不可借机讽刺挖苦。如果要拒绝，坚决但不应过分直接。

“己所不欲，勿施于人。”(出自《论语·卫灵公》)即使在选择拒绝他人时，也应提前考虑一项妥帖的问题解决方案。如果你要同意这项请求,才采取这种方法,但用有限的时间或能力做。避免妥协，如果你真的想拒绝。

顺人而不失己，做回自己。选择拒绝之前，要明确和坦白什么才是自己真正想要的。只有更好地认识自己，才能做出最后的抉择，才能意识到到底什么才是生活中必需的。

拒绝是一种尊重

拒绝是一种对别人的尊重，更是一种对自己的尊重。

无论是老庄的“上善若水”抑或是儒家的“推己及人”，都提倡与人为善，但其前提都是顺人而不失己，顺人和不失己二者是有机结合的，顺人固然重要，但他须以不失己为前提。

不失己就是应时刻把持住自己的底线，把握好一个度。没有人会尊重一个为了迎合笑脸而不断抛弃自我的人，自尊是获得尊重的前提。

如何在顺人顺世的同时，保证不失去自我的本性？儒家讲“过犹不及”，过和不及都是极端的表现，皆不可取。而道家提倡不亢不卑，“用心若镜，不将不迎，应而不藏”（出自《庄子·应帝王》）。

中国人不太愿意拒绝，因为自古以来，老祖宗总是教导我们要“竭我所能，解人之忧”。这是国人心中不灭的善根，应予以赞许。然而，我们也不应忘记，千百年前，先贤诸子们也曾告诫过众人：不应“顺人而失己”。拒绝并不可耻，因为恰如其分地表达真心其实也是对人对己最好的尊重。

做一件事情，从这三个方面想就没错了

宋代文人谢枋得曾在《与李养吾书》中写道："大丈夫行事，论是非，不论利害；论顺逆，不论成败；论万世，不论一生。"新时代的中国人，更多时候不缺理性，而是缺乏一种正义与执着的心。

论是非，不论利害

自古以来，以求利之心为出发点来解决问题者，结局难免处处受到束缚。相反，以道义之心、仗义之言来行事者，多能大事有成。

汉代名将李广之孙李陵在投降匈奴后引得汉帝大怒，朝野无不唾骂指责。唯太史公司马迁一人，深知李陵之冤，因而并没有选择保持缄默，而是挺身而出，为李陵正名，即使遭受牢狱之灾亦无悔。为是非定论，而非以利害保身，真仗义也。

董仲舒曾曰："正其义，不谋其利。"正义即为明辨是非。金庸先生亦有如此情怀。《天龙八部》开篇里段誉说："大丈夫在世，但

求义所当为，有何后悔之有？”做事能义所当为，人便赢在最高的道德点了。

论顺逆，不论成败

人生如溪，波澜不惊，在这个高速发展的时代，再不是“以成败论英雄”了。大业之好坏，不以结果成败来判定，“谋事在人，成事在天”，在变幻莫测的环境下，关键是看一个人如何获取经验，而不是为结果成败而耿耿于怀。

且看为后世津津称道的诸葛亮，六出祁山无功而返，这并未成为他的人生污点。人之精明，在于不受一时利弊成败束缚，能放远目光、高屋建瓴，方能在人生之路上徐稳渐进。

古代哲人讲究“逆来顺受”“居安思危”，而太注重结果，难免蹈入盛极而衰的境地，或是败后一蹶不振。

论万世，不论一生

这是一个功利时代，人的眼光难免变得狭隘。宋朝文人张载曾说：“为天地立心，为生民立命，为往圣继绝学，为万世开太平。”这般豪言壮语，注入了多少为正义献身者的灵魂之中。

且谈美国前总统尼克松，向来不为人看好，他于执政期间虽没有多大政绩，但那项从越南撤军的决定、中美关系破冰之举，得到了后世的无限赞许。

有人说，现代人光有道德却没有理想，人的三观都被趋利主义所扭曲，而那些崇高远大的憧憬，多属无稽之谈罢了。其实，大国崛起，除了需要“能抓耗子的好猫”，更需要既能“抓耗子”，又会想着“抓更多耗子”的“好猫”。一个人做到了“永垂不朽”，才可谓达到了灵魂的最高处。

行事看是非，处事看顺逆，为万世开太平，展示的是人的完美格局。人可以不求做到圣人，但又何妨永存圣心呢？

看懂这三句，就会明白其实你的生活没那么糟糕

“不到极逆之境，不知平日之安；不遇至刻之人，不知忠厚之实；不经难处之事，不知适意之巧。”这句话出自清人石成金的《续菜根谭》。

其意为一个人不到极其困逆的境地，就不懂安和顺适时候的安定；没遇到对自己尖酸刻薄的人，就不知忠厚之人对你的善良；不经历难以处理的事物，就不会明白万事顺意的舒适。

很多人遇到一些小挫折，便自暴自弃；听到一些尖酸刻薄之话，便感慨人心险恶；遇到一点小麻烦，就开始唠叨抱怨。其实，这都是人给自己的内心添堵，放大了自己的情绪罢了。当你静下心来细想时，

你会发现，你的生活并没有想象中那么糟糕。

不到极逆之境，不知平日之安

想必很多长辈都跟自己的孩子说过这句话：“你呀！真是身在福中不知福！”到了如今，很少后辈能体会到长辈创业时的筚路蓝缕，不知家庭的稳定来之不易。然而攀比的风气造成了很多孩子们为了追求高端物品而不顾自身实际情况向父母索要，若有不从，还闹起脾气，这让不少家长为此头疼，囊中羞涩者，更是进退两难。

其实，反观我们自身，在这功利化的社会下，有多少人疲于奔命地去追求物质利益，甚至为此铤而走险，触犯法律，最终落入法网，万念俱灰。

“一箪食，一瓢饮，在陋巷，人不堪其忧，回也不改其乐”，颜回对于幸福生活的定义是“一箪食，一瓢饮”，这对于现世来说，虽然略微苛刻，但其中的内涵在于提醒人们日子安然知足便好，不要等到了极逆之境，才怀念起平日之安。

不遇至刻之人，不知忠厚之实

我们常说良药苦口、忠言逆耳，而一到关键时刻人往往就越不会听逆耳之言，从而酿成大祸，后悔莫及。“不遇至刻之人，不知忠厚之实”这句话，其实更加强调人在社交中更应该注意远离小人，在甜言蜜语和逆耳忠言间应该选择后者，因为，无故献殷勤的人，往往都是口蜜腹剑者。

唐玄宗时期的李林甫在朝中已官至宰相，然而对有才能的人或皇帝信任的其他人都恨之入骨，总想尽办法除掉他们。可他表面对这些人十分和善，对这些人当面甜言蜜语，其实心中却时时盘算害人的诡计，最终这虚假的面具被人们识破，落下一个“口有蜜，腹有剑”的千古骂名。

李林甫这种人，正告诉了我们，一个人即使位高权重，对人和善好言，也未必是真心实意，里间藏匿的也许是一颗随时爆炸的炸弹。

不经难处之事，不知适意之巧

“不经难处之事，不知适意之巧”，说的是很多人在对待一些小事的心态上通常都轻视、大意。小事往往是最容易被人忽略的，因为很多人认为小事没什么，当小事成为做大事的关键时，很多人就乱了手脚。

这种不良心态给我们的生活、工作都会带来负面影响。因此，重视每一件小事，才不至于遇到难处之事而毫无防范，造成无法挽回的损失。

其实，平日之安、忠厚之识、适意之巧都可以归纳为人生的幸福，然而，这些幸福无须刻意追求，少一些功名利禄的贪求，多听一些逆耳忠言，留意身边每一件小事，日子自然相安坦然。

真正的教养是尊重他人

人之长相，分体貌和心灵。五官的美直接可感，但不如精神之美来得长久。精神之美需要修养的依托方能体现。在公交车上，一只皮鞋踩在你的脚尖上；饭馆里，一碗汤不小心撒在你的衣服上，你是选择随风而去还是据理力争，种种态度都体现人的修养。

修养更是待人接物的处事之道。《格言联璧》中曾提及待人接物之道："事属暧昧，要思回护他，著不得一点攻讦的念头。人属寒微，要思矜礼他，著不得一毫傲睨的气象。"真正的尊重从心而发，若"恭敬而无实"，流于形式，只会让人觉得虚伪。

回护他人隐私

"事属暧昧，要思回护他，著不得一点攻讦的念头"，意思是说，属于人家的隐私，要想着维护，不能有一点说坏话的念头。我们鼓励与人相互交流，但绝不可忽略自我与他人隐私的重要性。《摩诘经》有云："防意如城，守口如瓶。"不让杂念侵扰内心，不让言语随口而出，是为人处世一大戒律。因此，守口如瓶更是一种尊重。

马克思住在巴黎的时候，诗人海涅经常到马克思家做客，他们之间的友谊是深厚的，正像马克思自己说的，两个人达到了“只要半句就能互相了解”的地步。海涅写下了一篇战斗诗篇，夜晚就到马克思家来朗诵自己的新作。马克思从不在别人面前“泄露天机”，直到海涅的诗作在报章上发表为止。海涅称马克思是“最能保密的”朋友，他们的友谊也为世人所称颂。

回护隐私，不单是对“悄悄话”守口如瓶，更是不言他人之私。苏东坡曾问佛印：“以大师慧眼看来，吾乃何物？”佛印说：“贫僧眼中，施主乃我佛如来金身。”苏东坡见佛印体胖，便调侃：“然以吾观之，大师乃牛粪一堆。”佛印答：“佛由心生，心中有佛，所见万物皆是佛；心中有牛粪，所见皆化为牛粪。”朋友的纠纷，总与流言蜚语脱不了干系。在一个喧嚣的时代，谨言是待人处事最基本的尊重。维护朋友隐私是义气之举。不言前任之私，保持沉默，更是一种风度。

矜礼寒微之人

尊重他人，不仅仅是面容谦恭、待人和善，更重要的是立于内心的敬爱。孟子言：“爱人者，人恒爱之；敬人者，人恒敬之。”尊重他人，自然也能获得他人的尊重。然而，没有多少人能够真正做到不计较身份、一视同仁的尊重。

日本大企业家提义明经常提及爷爷如何尊重每一个顾客的故事。

当年，有一个衣衫褴褛的乞丐来到提义明爷爷家蛋糕店，在门前看了很久，驻足不肯离去。他身上散发的难闻气味，让旁边的顾客皱眉掩鼻，伙计也想赶走乞丐。他拿着脏兮兮的小额钞票说："我来买蛋糕，最小的那种。"伙计不愿搭理，这时店老板走过来，从柜子里拿出小而精致的蛋糕递给他，深深鞠了一躬，说："多谢关照，欢迎下次光临。"乞丐受宠若惊般离开，他可从来没有受过如此招待。店老板正是提义明的爷爷，他教育孙子："我们要记住，尊重我们的每一个顾客，哪怕他是一个乞丐，因为我们的一切都是顾客给予的。"提义明多年来一直要求员工尊重每一个顾客，从心里敬重每一个人。

真正的讲礼和尊崇，是抛开身份成见，一视同仁，也是为维护他人利益而懂得适时缄默。尊重不只是社交场合的礼貌，我们更需要把尊重定义为出于人内心深处对另一个生命深切的理解、关爱、体谅与敬重。这样的尊重，才是最纯真、最质朴、最基本的待人方式。